U0801533

中广核 CGN

宁德核电人才培养之道

福建宁德核电有限公司　编

中国原子能出版社

图书在版编目（CIP）数据

宁德核电人才培养之道 / 福建宁德核电有限公司编 .
—北京 ：中国原子能出版社，2022.11

ISBN 978-7-5221-2542-8

Ⅰ.①宁… Ⅱ.①福… Ⅲ.①核电工业-工业企业-人才培养-研究-福建 Ⅳ.①F426.23

中国版本图书馆 CIP 数据核字（2022）第 235919 号

宁德核电人才培养之道

出版发行	中国原子能出版社（北京市海淀区阜成路 43 号 100048）
责任编辑	张书玉
装帧设计	崔 彤
责任校对	冯莲凤
责任印制	赵 明
印 刷	北京中科印刷有限公司
经 销	全国新华书店
开 本	787 mm×1092 mm 1/16
印 张	12.25
字 数	188 千字
版 次	2023 年 11 月第 1 版 2023 年 11 月第 1 次印刷
书 号	ISBN 978-7-5221-2542-8 **定 价** **68.00 元**

网址：http://www.aep.com.cn **E-mail：atomep123@126.com**

发行电话：010-68452845

《宁德核电人才培养之道》

编写委员会

序　言

在全球信息化、智能化驱动能源消费持续增长的今天，“双碳”目标驱动能源向低碳零碳化加速转型，核电产业迎来战略机遇期。电厂如何能在确保绝对安全的前提下进行高质量发展，这不仅有赖于健康稳定的硬件设备，更需要素质完备的人才队伍。

功以才成，业由才广。习近平总书记在党的二十大报告中明确指出：“必须坚持科技是第一生产力、人才是第一资源、创新是第一动力，深入实施科教兴国战略、人才强国战略、创新驱动发展战略，开辟发展新领域新赛道，不断塑造发展新动能新优势。”在新的历史发展关头，人才不仅仅是支撑战略的基础，人才更成为战略。宁德核电全面贯彻党的二十大精神和习近平总书记在中央人才工作会议上的重要讲话精神，不断增强做好人才工作的使命感、紧迫感和责任感，以国际核电培训领域普遍应用的 IAEA 推荐的系统化培训方法（Systematic Approach to Training，简称“SAT”）为基础，将岗位任务与岗位全面工作能力所要求的知识和技能有效连接，并贯穿培训活动中的分析、设计、开发、实施和评价五个阶段，确保所学即所用的同时，对培训全流程进行持续反馈和改进。长期以来，宁德核电不断内化、发展和创新系统化培训方法的应用，在管理人才培养，运行、维修、技术、工程、职能等专业技术人员培养，合作伙伴人员能力提升，防人因建设，领导力和安全文化建设上做了顶层设计与实践，助力公司安全稳定运行，并向行业内外输出了卓有成效的“宁德方案”。

《宁德核电人才培养之道》作为宁德核电在人才培养领域的重要成果之一，既是对过去经验的总结，也是对未来的展望，以期激发行业对人才培养领域的新思考，携手点燃以人才为动力的核电高质量发展引擎，谱写新时代人才振兴的新篇章。

福建宁德核电有限公司

党委书记、董事长、总经理

前　言

企业发展，人才先行。宁德核电重视人才培养工作，将打造人才标杆列入公司“十四五”战略目标，实施“一核三力”总体战略，以安全生产为核心，以文化与领导力为牵引（力），以改革创新、协同发展为驱动（力），以培养人才、管好设备、拓展市场、精益管理为支撑（力），推动公司持续高质量发展。为总结宁德核电当前人才培养方面的良好实践及未来人才培养的思考，宁德核电特编制《宁德核电人才培养之道》一书。

本书以宁德核电创新和应用系统化培训方法（SAT）为基础，从人才培养需求分析、培训大纲设计、培训课程开发、培训组织实施、培训效果评估等建立了一系列标准和规范。同时详细阐述了操纵人员培养和发展的良好实践，实现操纵人员考试通过率从历史最低水平到国内领先的突破；在维修人员培养方面，建立维修考委会与 MTA 相结合培训-实践-考核-授权一体化管控，提升维修人员专业技能水平；在管理干部培养方面，采取“诊断-开方-诊治-问效”的培养模式，全面开展 MDP/LDP 培训，公司管理水平持续提升；在防人因建设方面，对标、吸收和转化 WANO、INPO、EDF ENERGY 等外部先进理念，并进行实践创新，开发实景化人因场景，创新现场人因观察辅导、技防措施改进及人因帮扶等，人因绩效指标达到世界先进水平；在核安全领导力培育方面，构建了“人人都有领导力”的体系，原创了“人人都有领导力”整套体系理论，推广到政府、高校、研究所、行业协会等50多家企事业单位，引领了行业内核安全领导力的发展；在承包商培训授权方面，创新承包商证照管理体系，实现体系、师资、设施等资源互享共建，完善承包商自主培训体系建设，提升自主培养能力，全面提升其专业人员技能水平。同时对培训有效性评估、人因事件分析与调查、知识体系建设、培训师资管理、职业技能等级认定等良好实践进行了总结，全面阐述宁德核电在培训体系建设及人才培养方面的思考、探索、应用和成果。

本书撰稿人主要是宁德核电具有多年企业培训工作经验的管理人员和骨干，书中各章节内容都是他们亲自参与宁德核电人才培养实践的总结和提炼，希望能对核电行业及相关单位有一定的参考和借鉴作用。

由于人才培养技术发展较快以及我们的知识水平有限，书中难免有疏漏和不当之处，敬请同行专家及读者批评指正。

目　录

第一章　系统化培训方法

1.1 概　述

对于企业的任何投入，企业均会考虑投入的产出与效益，人才培训也不例外。在企业培训与发展中，需求评估与分析是衡量培训预期的主要方式，也是展示企业培训对组织绩效发展的价值的关键。

为了做好企业人才培养工作，首先必须了解培训能为企业创造哪些价值，企业培训该如何开展。企业培训的本质是解决员工知识和技能问题，从而提升组织绩效。那么，组织存在哪些绩效问题，培训能否有效解决这些绩效问题，就必须进行绩效和培训的需求评估与分析，从而采取针对性的措施。

如果没有对绩效需求进行评估和分析，而仅仅进行培训需求评估分析，那么很可能把培训资源浪费在对组织绩效没有明显的作用的业务上，培训不能有效促进组织绩效提升，浪费公司人力资源成本，消耗员工学习与发展的热情，不利于企业的发展。

宁德核电人才的培养体系，早期移植参考电厂大亚湾核电站的人才培养体系，尤其是技术岗位培训大纲体系，公司各部门结合宁德核电生产状况进行了适应性的修订，形成宁德核电的岗位培训大纲体系，并以此开展公司人才培养工作。

实际上，在对大亚湾人才培训体系的消化、吸收、应用过程中，宁德核电对与参考电厂组织机构、岗位及职责设置、现场设备与技术改造等存在的差异，以及宁德核电所处的工程建设、商业运营等不同阶段对人才培养的要求，缺乏系统性分析，导致岗位技术人员能力发展与实际需求存在偏差，出现了多次因人员能力不足而导致的重要运行事件，影响了电厂的安全稳定运行，为此不断新增的临时性培训任务，导致公司培训负荷日益繁重，人均培训量持续超过 20%，培训资源和人力成本较大，培训投入产出比较低。

以上培训存在的问题，究其根本原因，还是公司缺乏对需求的评估与分析，未对技术岗位职责、任务进行全面、系统性分析，现有培训课程体系及岗位培训大纲体系，未有效指导技术岗位人员的全面工作能力的提升，甚至存在无效培训或不必要的培训，培训效能不理想。

为此，宁德核电借鉴 INPO 相关培训标准及同行的良好实践，全面推进系统化培训方法的应用，全面优化现有培训体系，提升人员技能提升的针对性和有效性，不断保持和提升工作人员的专业技术水平。

1.2 培训分析

一般而言，企业培训的核心在于通过培训解决人员的绩效问题，那么对现有绩效问题进行分析，确定可能的原因和解决方案，以及选择最优的解决方案，才是解决问题的关键。SAT 的工作流程，首先就是分析当前工作中存在的问题（经验反馈等导入的数据信息）、岗位任务所要求的知识和技能、国家、地方及行业内等法律法规与规范等要求，以及企业发展过程中对人员提出的新的能力要求等，从而分析并给出解决方案。培训需求分析流程图如图 1-1 所示。

对于新岗位而言，一般通过岗位分析和任务分析确定完成该岗位工作需要的全面工作能力（KSA），从而制定培训大纲指导其能力发展；对于已经

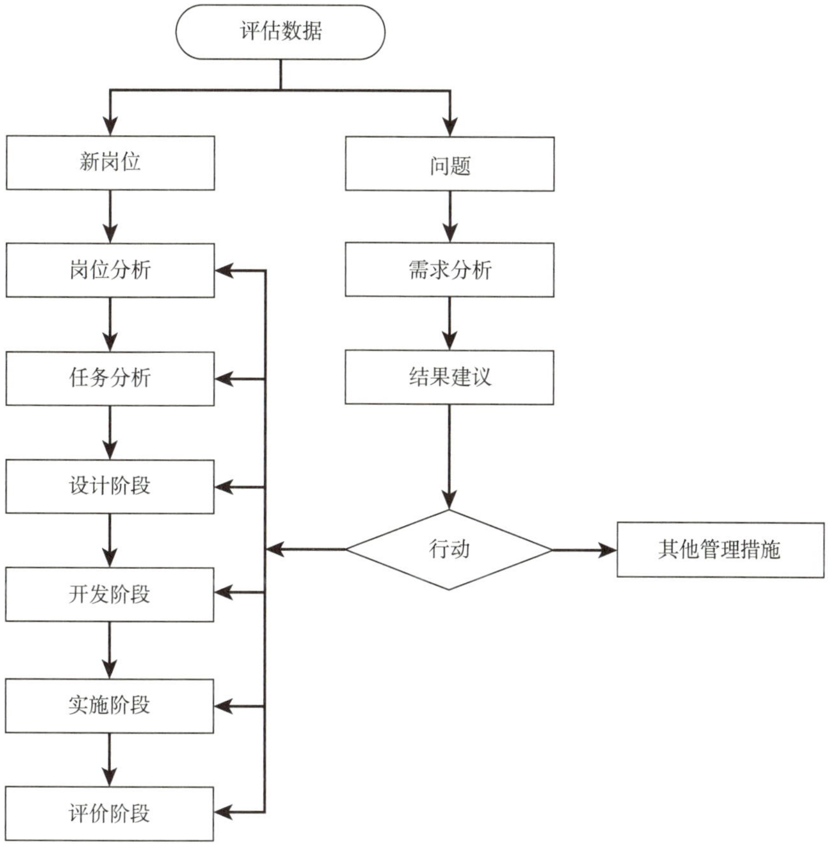

图 1-1 培训需求分析流程图

具有培训大纲的岗位工作，主要通过岗位绩效分析确定培训是否是解决该问题的有效方式，即岗位绩效问题是因为人员缺乏知识、技能而导致，从而通过培训进行改进和提升。在分析结束之后，需明确三个问题：

- 是否存在绩效问题？
- 希望取得何种绩效？
- 培训是否有助于将绩效提升到期望的水平？

1.2.1 需求分析

培训有时被误解为解决问题或改善绩效缺陷的良方，其实培训并不能解决所有问题，有时候缺陷可能与设备的故障、管理制度不完善、工作人员的意愿等直接相关，这就需要通过需求分析来确定培训是否有有效的解决方案，还是采用其他方式。

培训需求分析的核心在于确定培训是否是解决问题的有效手段，因此必须进行绩效问题的根本原因分析，以找到正确的纠正措施和方法。一般来说，有四种原因可能会造成人员的绩效低于预期：

- 员工不了解期望的绩效要求（不知道……）
- 员工缺乏按期望要求执行的知识或技能（不知道怎样……）
- 存在阻碍绩效达成的障碍因素（不能……）
- 员工自身对于达成绩效要求存在消极的态度（不愿……）

实际上，培训可以解决以上第一、第二种原因，但不能解决第三、第四种原因，其中第一种原因可以采用书面告知等其他方式（可以节约培训资源）。

为此，对于需求分析的核心，在于人员绩效因素分析，重点在于确认人员知识或技能欠缺是否是导致绩效问题的因素，如是，则培训可能是合适的解决方案。

需求分析结束时需提出采取的行动建议。此类行动可以是采用培训或其他措施，或者是不用采取行动。需求分析应包括：

- 确定绩效问题
- 进行绩效缺陷根本原因分析
- 给出绩效缺陷解决方案建议

需求分析由专业部门和培训部门技术专家实施，并获得其负责人的认可。

1.2.2 岗位任务分析

岗位任务分析（JTA 分析）指通过对人员岗位工作职责或岗位规范进行分析，列出岗位需要完成的任务，并选择需要培训任务清单的过程。其目的是明确需要培训的任务，从而保障培训的有效性并提高资源利用率。实施岗位任务分析的步骤及要点详细介绍如下。

1.2.2.1 选择和培训岗位分析人员

选择岗位分析人员是非常重要的工作，宁德核电要求从事SAT分析的专家为各专业部门主任工程师、各专业负责人、专业主管工程师及以上的中高级技术岗人员。同时，在进行岗位任务分析之前，对参与JTA分析工作的人员进行统一专业的培训和辅导，明确该项工作的整体思路、方法、标准等，同时对分析过程的核心点进行测试和把关，确保参与岗位分析的人员具备岗位分析能力。

参与该项工作的人员必须非常熟悉分析岗位的岗位职责、具体工作任务及标准、全面能力要求等，同时岗位能力要求不应随岗位人员的年龄、学历、专业、工作经历等差别对待，参与岗位分析的人员需特别关注。

1.2.2.2 审核可用的岗位信息

岗位分析的第一步是审查可用的岗位信息。该审查为形成任务领域和任务的初始清单提供了信息，它也是开展进一步分析的起点，主要审查类似岗位的岗位或任务分析数据、现有岗位程序、授权文件、各类操作/管理程序、设备/系统操作手册等文件。

宁德核电主要的岗位信息，基于各部门的组织机构程序，主要是部门职责、岗位及任务设置。实践表明，审查岗位信息非常重要，上游管理程序需明确岗位设置、岗位职责及相关要求，否则无法准确描述岗位具体任务清单，从而无法确定对人员的能力要求，岗位任务分析无法实现应有的作用。

同时，对于采用JTA分析方法的企业而言，必须有明确岗位的设置及职责分工，该方法适用于传统的岗位变动不大的工业企业，对于岗位发展变化较大的企业则慎重选择该方法。

在宁德核电岗位信息审查过程中，发现有部门岗位名称不同、岗位职级不同但岗位职责及任务大部分相同，或岗位名称相同但实际人员工作任务不同等情况，这表明上游的组织机构程序设置存在问题，在组织机构程序内无法准确定义各岗位及其职责，从而不能有效分析岗位人员的全面工作能力要求，不利于培训需求的精准定位。

1.2.2.3 编制任务清单

将岗位工作分解为任务领域，即工作职责的组成部分，制定初步任务清单，即任务子项（任务单元），同时需要撰写任务说明，即任务目标及动作描述，以描述各项任务。

岗位分析的难点在于，需要通过技术专家的工作建立一套有序的任务领域分类，以确保任务子项得以良好的归类和扩充。对于技术性岗位而言，可通过审查岗位组织机构程序、人员访谈或审查工作文件等方式先行收集尽可能多的任务，然后由技术专家进行归纳和讨论，确保岗位关键、核心工作任务被全部覆盖。同时，每个任务领域及任务子项的颗粒度划分依赖技术专家的主观评判，不同部门、不同专业对任务分析及划分需要建立最基本的颗粒度原则。一般而言，每个岗位约有 8～15 个任务领域，每个任务领域有 6～20 个任务子项，每个岗位约有 100～300 个子项任务。宁德核电 JTA 分析模板如表 1-1 所示。

表 1-1　JTA 分析模板

岗位信息			JTA 分析		
部门	岗位编码	岗位名称	任务领域	任务子项	任务目标
电气部	OEE01004	主任工程师	CCM/重大设备管理	标识重要敏感区域	完成重要敏感区域划分及标识
电气部	OEE01004	主任工程师	CCM/重大设备管理	审查 CCM 设备 QDR	CCM 设备缺陷处理审查

1.2.2.4 验证任务清单

由 SAT 专家审查任务清单的完整性和准确性，确定岗位关键任务已全部覆盖，可以交由技术岗位人员进行验证和反馈。宁德核电的 SAT 应用经验表明，这个验证环节非常重要。SAT 评审发现，部分关键任务项没有进行有效识别，会导致该岗位人员的能力不全从而影响人员的能力培养出现偏差，需要部门内部进行评审和反馈。

1.2.2.5 选择需要培训的任务

关于需要培训任务的甄别，IAEA 推荐使用的是困难度-重要度-频度（DIF）的方法，然后根据任务选定准则，确定是否需要培训及是否需要后续培训（复训）。其中，任务的困难度是指该任务与此岗位的其他任务相比的执行难易度，重要度是指对与电厂安全、机组可靠运行、预防或缓解放射性释放的影响程度，频度是指执行任务的周期。根据以上因素的程度，DIF 均定义 5 个等级，宁德核电主要借鉴 EXELON 电厂的 DIF 培训判断准则，如表 1-2。

表 1-2 EXELON 电厂 DIF 培训判断准则

难度级别（D）	重要性级别（I）	频率级别（F）	培训/不培训的决定
≥3.5	>2.5	≥3.5	初始培训
		2.5～3.5	初始培训及复训
		<2.5	初始培训及复训
	<2.5	≥3.5	初始培训
		2.5～3.5	初始培训
		<2.5	初始培训
2.5～3.5	>2.5	≥3.5	初始培训
		2.5～3.5	初始培训及复训
		<2.5	初始培训及复训
	<2.5	≥3.5	无需培训
		2.5～3.5	无需培训
		<2.5	初始培训
<2.5	>2.5	≥3.5	无需培训
		2.5～3.5	无需培训
		<2.5	初始培训
	<2.5	≥3.5	无需培训
		2.5～3.5	无需培训
		<2.5	无需培训

DIF 分析法是一种定量化的分析方法，在实际应用中存在一定的困难。首先，任务的困难度、重要度、频度值是技术专家对工作任务的主观评定，需要技术专家有丰富的经验，且技术专家相互之间应达成统一的评判标准。实际上，核电厂不同时期，同一个任务对技术人员的 DIF 是不尽相同的，这就导致对培训类别的判定及对人员 KSA 要求的不同，所以岗位任务分析不是一成不变的，是随着电厂管理要求、工作任务及质量要求等因素的变化而变化的，可以通过技术专家对每项任务对 DIF 的定值及使用判定准则确定每项任务的培训建议。宁德核电 DIF 分析模板如表 1-3 所示。

表 1-3　DIF 分析模板

岗位信息		JTA 分析		DIF 分析			
部门	……	任务领域	……	难度（D）	重要性（I）	频率（F）	培训类别
电气部	……	CCM/重大设备管理	……	2	3	2	初始培训
电气部	……	CCM/重大设备管理	……	3	3	4	初始培训

宁德核电当前分析阶段的难点在于技术专家为保持与当前已有岗位培训大纲课程的一致性，减少课程开发或大纲升版频次等，可能会出现技术专家有意地调整困难度、重要度或频度，而导致分析结果存在主观上的偏差，这需要部门负责人明确对人员能力的要求以及培训资源的投入，协调好审查工作，及时进行纠偏，确保岗位分析的质量。

1.2.2.6　批准岗位分析

初步岗位分析结束后，将对分析结果进行审查并报管理层批准，因为其决策将决定可投入后续行动的时间和资源数量。

对于分析的颗粒度，一般与电厂所处的阶段、管理层对人员能力要求以及电厂对培训资源的投入有直接关系。在电厂建设期，组织机构建设、岗位设置、人员能力要求相对较为粗犷，电厂一般移植参考电厂培训大纲体系，基本不进行岗位任务分析，在此方面的培训资源投入较少，人员能力发展主要依托在现场工作的岗位实践。电厂在商运之后，从建设到生产期的过度，对人员能力要求更高、更严、更精细，且后期新入职人员未经过调试期的实践，该能力要求如再后续大纲内未能固化和提升，将造成人员培养和发展的能力缺陷，需电厂对此的慎重考虑和资源的投入。

1.2.3 KSA 分析

确定任务的知识、技能和态度是 KSA 分析的主要工作。实施 KSA 分析的必要资料来自核电厂文件或其他来源（与在岗人员的意见、现有培训材料、经验反馈、核电厂改进资料等），任务步骤的分解应有合适的颗粒度标准，不宜把任务中应掌握的 KSA 罗列得太细。

对于宁德核电而言，基于当前已编制的岗位培训大纲及集团现有的成熟体系，现有的课程材料、技术规范、运行经验反馈、各类程序及设计文件，可以直接作为参考材料进行验证分析。同时，任务分析可以根据 DIF 系统进行培训行为判断，对于需要初始培训及后续培训的任务进行分析即可，无需培训的任务就不必进行分析，即对于复杂或与安全有直接相关的任务必须进行任务分析。宁德核电 KSA 分析模板如表 1-4 所示。

表 1-4 KSA 分析模板

JTA/DIF	KSA 分析							
……	相关程序	……	K 序	知识 K	S 序	技能 S	A 序	态度 A
……	重要敏感区域管理	……	K0511	重要敏感区域管理知识	NA	NA	NA	NA
……	设备缺陷管理报告（QDR）管理流程	……	K0504	设备缺陷管理报告（QDR）管理流程及关键敏感设备维修活动管理	NA	NA	A0051	质疑的态度

1.2.4 培训分析的标准

宁德核电在应用 SAT 之初，未统一各项分析的标准，在具体实施时发现各部门分析的颗粒度标准存在较大差异，经过对各部门成果数据的统计和分析，召开 SAT 专题会议进行讨论，针对不同于领域岗位工作特点，统一宁德核电培训分析的基本要求如表 1-5 所示。

表 1-5　宁德核电培训分析颗粒度标准

领域	专业领域任务领域数量	平均任务子项数量
运行领域	10～30	不少于 300 项
维修领域	10～30	不少于 250 项
技术领域	8～15	不少于 150 项
职能领域	6～12	不少于 100 项

以上颗粒度为各领域岗位任务分析的平均数据，对个体岗位并不具备全面性，各领域需结合岗位实际情况进行分析和应用。

1.2.5　SAT 分析文件评估

为确保培训分析的质量，在完成培训任务分析活动之后，由评估专家组对培训分析过程及分析成果进行评估，主要关注点有：

· 参与分析的人员是否采用明确的标准和统一的办法对岗位及任务数据进行收集、分析和审查；

· 任务绩效标准的认定是否通过调查或审查，是否由技术专家确认；

· 是否考虑了绩效问题的其他解决方案，包括培训和其他管理举措；

· 分析的结果是否确定了有效的培训需求，明确了需要培训的岗位任务及执行任务所需的 KSA。

1.2.6　岗位任务分析应用

下文以培训管理人员的 JTA 分析为例，详细说明分析阶段各理论基础的实际应用情况。

宁德核电厂培训管理人员的岗位培训体系，主要借鉴参考电站培训管理人员的培训大纲，在宁德公司全面应用 SAT 之前，未进行过系统性的 JTA

分析，而是在参考电站培训大纲的基础上，结合公司培训管理相关岗位及能力要求进行修订，直接编制培训管理人员课程体系及培训大纲，实际宁德核电厂与参考电站培训管理人员在组织机构、岗位职责存在较多不同，且该两个电厂在某一时间，电厂所处的状态并不一致，如宁德核电厂在引入参考电站培训体系时，宁德核电厂尚处于建设期，参考电站处于成熟运营期，此时两个电厂状态对人员的能力要求也存在不一致，未经系统性的 JTA 分析，培训管理人员的岗位能力要求与实际存在一定的偏差，不利于人员的能力培养和发展。

1.2.6.1　选择和培训岗位分析人员

培训管理人员的岗位分析小组，首先确定部门的培训分析小组，主要是部门经理担任组长，副经理、各科长、主任工程师及各科室部分中高级技术人员为成员，部门培训工程师为秘书。在部门分析小组的基础上，培训管理科由中高级技术岗位人员作为分析专家，初中级技术岗位人员作为验证人员进行辅助，共同进行培训分析工作。

部门分析小组专家重点分析各岗位核心岗位任务和共性岗位任务，同时需要安排部分初中级技术岗位人员对分析结果进行验证，保障分析的全面性及适用性。以上参与分析的人员必须非常熟悉分析岗位的岗位职责、具体工作任务及标准、全面能力要求等，具备丰富的本专业工作经验。

在确定分析人员、成立培训分析小组后，首先要进行 SAT 培训和辅导，明确部门培训分析工作的整体思路、方法、标准等，同时选取一个岗位进行一次完整的过程分析，验证分析小组的思路、方法和质量管控，确保参与岗位分析的人员具备岗位分析的基础能力。

宁德核电培训管理科编制 7 人，设置科长、培训管理工程师、培训项目工程师、培训计划工程师、教务助理工程师 5 个岗位，分析小组成员为科长、培训管理工程师、培训项目工程师，同时培训计划工程师、教务助理工程师为分析小组辅助人员，进行分析验证工作。

1.2.6.2 审核可用的岗位信息，确定任务领域清单

岗位分析的第一步是审查岗位信息，明确岗位职责及任务领域。主要从组织机构对岗位的职责设置，以及实际日常科室的主要日常业务进行综合分析。

宁德核电厂培训管理序列的岗位职责主要职责如下：

- 负责制定公司年度总体培训计划；
- 负责编制公司月度培训计划，并按计划组织和开展各类培训；
- 负责日常教务及教学设备的管理；
- 负责公司教育培训委员会日常运作；
- 负责基本安全授权培训课程的组织实施及授权过程管理；
- 负责管理培训及各类专项培训的组织与实施；
- 负责新员工外部岗前培训及入职培训的实施与管理；
- 负责在岗培训的协调督导工作；
- 负责承包商培训与授权管理体系的建立与运作；
- 负责国内、外承包商人员的入厂安全知识培训与考核；
- 负责管理培训工程师和兼职教员的教务工作；
- 负责培训管理软件的日常维护与管理；
- 负责部门成本中心的预算编制和管理运作；
- 负责培训档案与资料、培训综合信息的管理。

同时还负责公司培训体系建设、操纵人员取照考试管理、公司内外部培训资源的协调等日常工作，为此对以上常态化业务进行综合分析，编制培训管理序列整体任务领域如表 1-6 所示。

表 1-6 宁德核电岗位任务领域

序号	任务领域
1	培训体系管理与运作
2	培训师资管理
3	培训设施与资产管理

续表

序号	任务领域
4	培训信息化管理
5	培训教材管理
6	培训计划管理
7	培训预算管理
8	教务管理
9	培训档案管理
10	培训与授权管理
11	对外培训业务管理
12	培训项目管理
13	承包商培训管理
14	操纵人员取照考试管理
15	培训评估与反馈
16	培训团队建设管理

在实际进行岗位任务分析时，首先要基于整个组织的职责、任务进行分析总体的任务领域，由分析小组集中分析、评议，确定部门或科室的整体任务领域，然后在此基础上再对各岗位进行任务领域的匹配和选择。整体方向上先整体，后局部，明确岗位任务领域，有利于下一步任务子项以及后续分析工作的开展。

如没有相对固化的岗位职责，或岗位职责不清晰、不明确，则需要部门对此进行明确，或通过实际岗位任务的收集、汇总而定，总体而言岗位的主要职责及要求等，需要在相关程序或规定进行明确，而且需要相对固化，否则需要经常性的进行分析，相应的培训资源投入较大。

1.2.6.3　编制、验证任务清单，选择需要培训的任务

培训管理岗位任务领域明确后，由分析小组专家对培训管理各岗位按照任务领域进行初步任务清单分析，即分析任务领域包含的任务子项（任务单元），同时需要撰写任务说明，即任务目标及衡量标准，以完整阐述任务子项的详细要素，作为后续分析的依据。SAT 分析小组成员需对岗位任务清

单的完整性和准确性进行讨论，岗位核心任务必须100%覆盖。

岗位任务清单明确后，由分析小组对每一项任务进行困难度-重要度-频度（DIF）评分，原则上同一任务至少需要三位分析专家进行评定，取其平均值作为评定依据，根据任务选定准则，确定是否需要培训及是否需要后续培训（复训）。评定结果原则上需要由相关岗位的初中级技术岗位人员进行任务验证，检验其对日常核心工作任务是否有遗漏，任务的难度、重要性、频率是否有偏差，任务及衡量标准是否清晰等，以保证分析的基准无不存在较大偏差。

以上任务子项的DIF判断，由于工作量较大，人为判断容易出现错误，一般通过开发系统进行判断，或采用EXECL设置判别公示进行自动判别，以保障其判别结果的正确性。在经过系统性分析后，由分析小组对以上分析结果进行整体审议和讨论，如对于系统判别结果与分析小组评议结果存在不一致的地方，可以经小组充分讨论后对分析结论进行修订，保障分析结果与岗位能力要求保持一致，对于存在分歧的分析数据需要经部门分析小组审议后进行明确，最终分析结果由部门负责人审核签字生效。

在DIF打分方面，需要关注的是任务难度和重要性的打分，对于难度和重要性比较高的任务，一般后续分析的KSA将直接培训目标和考核大纲直接关联，原则上需要必考项和一票否决项，以作为后续课程材料考核的重要输入。

1.2.6.4 KSA分析

经分析小组评定确认需要培训的任务清单后，需分析并明确承担该任务需具备的知识、技能和态度（Knowledge、Skill、Attitude，KSA），以作为后续培训设计的输入。KSA分析由分析小组专家进行分析、讨论确定，原则上需要不少于三个本专业经验丰富的专家负责，对每一项需要培训的任务从重要性、难度等方面分析出岗位任务应具备的KSA。

KSA的颗粒度不宜过粗，不然后续培训目标及课程设计无法进行紧密承接，尤其当分析人员与培训课程开发人员不同时，很难在设计阶段有效承接分析阶段的成果，不能有效将培训分析的成果转化为培训目标以及落实在课程开发的环节。KSA分析原则上需要培训任务其关键的KSA必须分析到位，由分析小组的共同确认，其颗粒度根据岗位任务特点而定，无明确数量要求。

在宁德核电厂的实践过程中，部分分析专家对KSA分析有先入为主观念，直接将现有课程体系直接作为当前KSA分析结果进行引用，譬如分析某项工作需要根本原因分析相关的知识、技能，现有课程体系有《根本原因分析方法》课程，则直接定义该任务的KSA为“根本原因分析方法”。这样的分析其实是有缺陷的，在SAT分析过程中，首先要摒弃对原有课程的固有思维，而要作为一项新的工作任务进行重新定义和分析，而不是单纯直接引用原有的文件信息，不然容易导致分析偏差，如原课程内可能存在不需要的KSA或关键的KSA有缺失等等。同时，对于此类KSA分析结果过于粗犷，对于后续的培训目标及课程设计难度较高，且可能存在分析偏差，培训投入成本较高，不利于整体工作的推进。

以教务助理工程师培训管理系统数据维护任务工作为例，其对应的KSA分析如表1-7所示。

表1-7 教务助理工程师的KSA

岗位名称	教务助理工程师			
任务领域	任务子项	知识K	技能S	态度A
培训信息化管理	日常培训数据维护	K01：公司培训课程体系及课程设置； K02：公司专兼职教员管理体系、专兼职教员名单； K03：公司教室配置信息； K04：公司培训计划管理体系及当年度、月度培训计划； K05：公司培训时间安排表； K06：公司教务管理期档案管理规定	S01：培训管理系统课程维护操作方法； S02：培训管理系统教室维护操作方法； S03：培训管理系统师资信息维护操作方法； S04：培训管理系统培训计划维护操作方法； S05：培训管理系统培训报名、请假、取消报名、考勤管理等维护操作方法； S06：培训管理系统成绩维护操作方法； S07：培训管理系统培训数据查询、统计操作方法； S08：培训管理系统在线考核题库、考核、阅卷操作办法； S09：培训管理系统管理权限设置及维护操作办法	A01：对有疑问信息进行质疑和求证； A02：处理不确定信息一分钟停顿并核实

1.2.6.5 TTM 分析

“任务-培训”矩阵（Task to Training Matrix，TTM）的目的提供用于指导维护培训大纲的文件，TTM 是将任务与培训科目联系起来的一个工具，为评估程序变更的影响、任务选择标准、更新技术信息、修订培训目标等提供参考，其示意图见图 1-2。

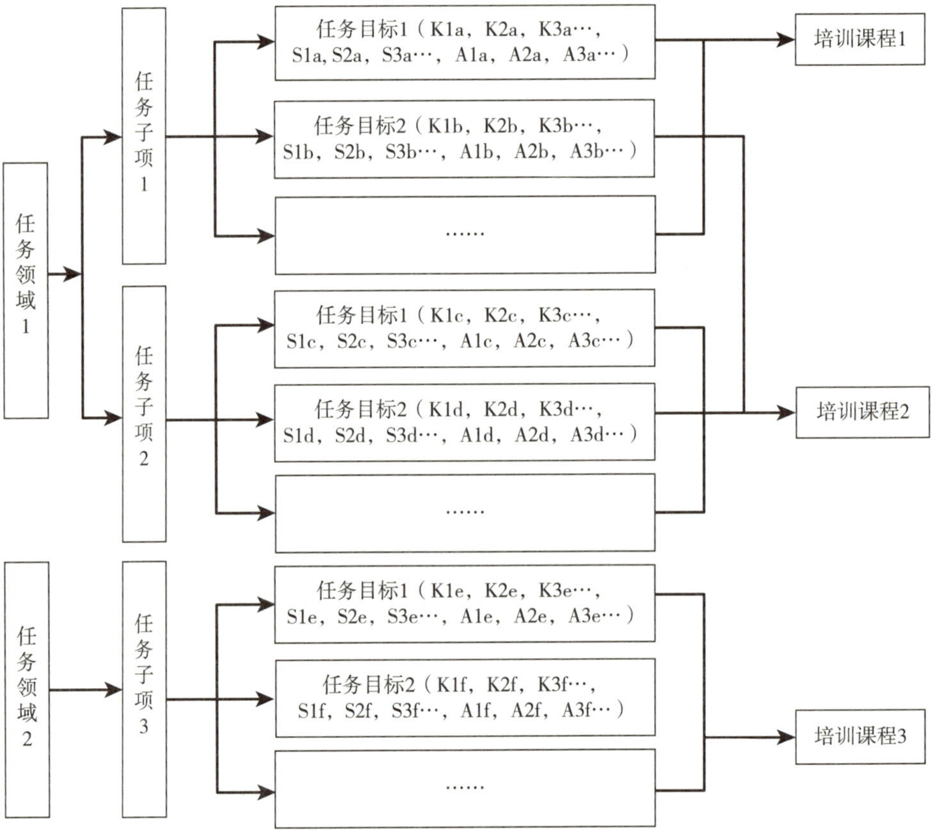

图 1-2　TTM 矩阵示意图

TTM 可以将分析出的 KSA 通过一定的组合，形成对应的培训课程清单，从而建立初步的培训课程体系。其难点在于没有完善的信息系统情况下，依靠专家分析对大量的 KSA 进行 TTM 分析，存在重复或同类 KSA 的组合出现重复的情况，需要专家在结果数据的分析、讨论、检查过程中进行选择性规避，同时部分课程可以存在相同的 KSA，可以在后续培训目标和培训课程开发环境进行详细拓展。为有效做好 TTM 分析，关键是做好任务领域的划分，任务领域是对任务子项的归类划分，其分类直接影响 TTM 分析数据的整合，原则上各任务领域内的工作不宜重复或交叉，如确实存在此类情况，在 TTM 分析时需特别关注重复或交叉任务 KSA 数据 TTM 分析，避免在不同课程内涉及重复的 KSA，影响后续培训目标及课程设计环节开发工作的重复。

以教务助理工程师 KSA 分析数据及 TTM 分析结果为例，除了法律法规、集团及公司强制性要求的安全质量培训、入职基础培训及管理培训外，主要专业性课程分析结果见表 1-8。

表 1-8 教务助理工程师的主要专性课程分析

序号	课程	课程编码	对应 KSA 序号
1	培训管理系统培训	ND-ST-NPP-0141	K0101～K0104；K0147～K0168
2	培训部组织机构与职能	ND-ST-OTD-0001	K0564～K0576
3	培训管理人员管理程序	ND-ST-OTD-5001	K0577～K0596
4	教务管理一级	ND-ST-OTD-5101	K0101～K0108；S0101～S0104；A0101～A0103
5	接待管理一级	ND-ST-OTD-5102	K0109～K0112；S0105～S0107；A0102～A0104
6	培训档案管理	ND-ST-OTD-5103	K0192～K0203；S0140
7	培训工程师管理	ND-ST-OTD-5104	K0223～K0227
8	培训管理系统管理	ND-ST-OTD-5105	K0101～K0104；K0147～K0168；S0101；S0108；S0109；S0121～S0167；A0109～A0115
9	培训教材管理	ND-ST-OTD-5106	K0182～K0191；S0136～S0139；A0116
10	培训设施与资产管理	ND-ST-OTD-5107	K0107、K0108、K0113、K0169～K0181；S0104；S0135；A0104

续表

序号	课程	课程编码	对应 KSA 序号
11	专兼职教员管理一级	ND-ST-OTD-5108	K0207～K0212；S0134；A0117

KSA 序号是对培训管理领域所有 KSA 进行去重后进行的统一编号，以便捷对 KSA 及对应课程进行一一对应，便于后续课程设计环节的开发和应用。美国相关核电厂建立了信息化的 VISION 系统，对 KSA 等信息进行信息化管理，目前中广核集团内关于 SAT 应用的系统尚在开发过程中，宁德核电主要基于 EXECL 进行初步的数据分析和应用。

1.3 培训大纲设计

培训大纲是规范岗位人员能力培养和发展流程，指导岗位人员培训、考核和授权等综合性管理文件，主要承接 SAT 分析阶段各项能力要求，将 TTM 分析出的课程以及法律法规要求、公司管理性要求等能力要求的全部课程进行明确，以指导岗位人员能力的发展。

培训大纲的要素有岗位人员培训资格、培训发展路径、培训课程及考核要求、培训等效、培训授权、培训大纲有效性评价、培训记录等。

其中，岗位人员培训资格，主要参考《核动力厂人员的招聘、培训和授权》、相关法律法规对岗位人员的能力要求、公司组织机构及岗位三定程序等要求，对岗位人员培训资格进行明确，并在程序内予以固化，必要时进行调整和升版，以指导岗位人员能力的发展。

岗位人员培养发展路径主要是根据组织机构分工，描绘专业序列内初、中、高级技术岗位的培养发展路径图，包括不同招聘类型或入职途径人员的发展路径，以让岗位人员更清晰掌握其培养和发展的情况，便于其培养和发展工作的组织实施。

培训课程及考核要求，需根据培训课程体系内进行规范和明确，下文对其详细阐述。

培训等效主要是对根据岗位人员的现有工作能力情况，对其已具备的能力进行课程等效，避免过度培训，减少不必要的培训资源投入，以及降低岗位人员的培训热情。原则上，培训等效一般采用工作经历等效、培训课程等效、工作能力评估等效三方式，有的单位还采用学历等效。在宁德核电厂不采用学历等效方式。其中工作经历等效主要是指岗位人员曾经的工作经历与现有工作岗位某些能力要求是一致的，经部门评定认同该岗位任务的能力要求的课程可以进行直接等效，无需重新培训的方式。培训课程等效是指岗位人员曾经参加过类似或相同内容课程的培训，可以直接等效现有岗位能力要求课程，无需重新培训的方式。工作能力评估等效是指经部门对员工已有工作能力进行评估，对其已具备的与现有岗位能力要求的匹配的课程直接进行等效，无需重新培训。

培训授权是指岗位人员完成培训并考核后，由公司或部门给予其从事某单项工作或某岗位工作的一种正式文件认可，也是岗位人员对从事该工作的一种正式承诺。一般培训授权分为安全质量授权、单项技术授权、岗位技术授权三种。安全质量授权是国内核电厂通用的做法，主要是承接法律法规及公司对安全质量相关要求，岗位人员经过培训并考核合格后，公司对其从事安全质量工作能力的正式认可。单项技术授权主要是从事某些特定工作岗位资格和能力的一种正式认可，如工作负责人、准备工程师授权，此类工作可不与岗位直接关联，而是根据人员而变化的，所以采用单项技术授权可以灵活运用于非岗位直接关联的单项工作任务。岗位技术授权主要是指对岗位人员从事本职岗位工作能力的正式认定，在其完成培训、通过考核并经过能力评定后，由授权人对其颁发授权书。同时培训授权是具有有效期的，授权过期后，需重新进行能力评定并办理新的授权。

培训大纲有效性评估，是指对培训大纲进行评价和修订，以确保培训能够准确地反映核动力厂的状况，其有效性评估主要考虑相关法规的变化、内外部经验反馈、电厂设备和程序的变更情况，以及对岗位人员培训效果进行评估的结果，原则上至少每三年全面审查一次，以确认该大纲的有效性。培训大纲有效性评价应覆盖培训的各个阶段，包括编制各种相关文件。培训记录也应被审查。审查工作应由不对培训工作直接负责的人员来承担。电厂管理者应直接参与培训的评价，同时评价和改进培训时应考虑日常运行经验、电厂设计变更等信息。

培训记录是岗位人员培训、考核、授权等培训过程的原始文件，根据国家法律法规要求，需要对其进行分类分级分期限进行归档和保管，培训记录的归档应满足国家及公司档案管理相关要求，一般重要文件由公司文档管理部门进行保管，部分文件由培训中心进行管理。

1.3.1　培训课程体系建设

岗位人员能力培养与发展，其最核心的要素是培训课程，也是承接分析阶段岗位任务分析所对应 KSA 的结果。培训大纲设计环节，最核心的任务是建立公司培训课程体系。

在核电厂，课程体系一般分为公司级、部门级、班组级三个层级课程体系，其分类的依据主要是根据人员范围进行划分，也是便于相应课程的组织和实施，以集约化管控培训资源，提升培训效率。其中公司级培训一般是由公司培训中心或类似组织机构负责，部门级、班组级培训一般划归所在部门负责管理，且总体上部门级、班组级培训都接受培训中心的统一指导和管理。

课程体系建设其主要的培训输入为岗位任务分析、日常经验反馈、管理层期望，同时电厂设计变更、内外部评估反馈等也会带来相关临时性培训课程要求，为此在课程体系内需对涉及相关的全部课程进行分类和规范。宁德公司将培训课程划分为正式培训课程和临时性培训课程，正式课程划分为安全质量培训、技术理论培训、技能培训、防人因培训、模拟机培训、专业技术培训、管理培训和党务培训八大类别。临时培训主要是指对专项技能、特殊知识和操作、共性经验反馈、设计变更、新技术和新方法、法规要求变更等方面有临时性要求的培训课程，该课程或其内容可能会根据岗位任务能力要求的固化逐步转化为正式课程或纳入正式课程内容范畴。

课程体系设置，主要是对课程名称、课程编码、课时、培训种类、复训周期、培训方式、考核方式等进行明确，并对各种培训课程体系的变化进行动态管理，确保课程与岗位人员能力发展直接关联，便于后续课程的统一管理、开发和应用。培训课程设置规范，对培训课程体系的管理至关重要，一般编制有课程管理规范，并配套信息化管理手段进行管控。

宁德核电厂对培训课程名称、课程编码、培训方式、考核方式都进行了明确的规定，同时所有课程必须明确课时、培训种类、复训周期及考核方式，统一培训、考核、授权管理流程，已贯彻公司“培训-考核-授权-上岗”的培训政策。

1.3.2 培训大纲编制规范

培训大纲体系的建设，除培训课程体系建设外，另外一个关键的要点就是培训大纲编制规范，其作用主要指导公司各部门建立起培训大纲体系，以落实和应用 SAT 分析阶段成果，将岗位人员 KSA 能力要求落实在培训大纲内，指导其能力的培养和发展。

培训大纲按照人员分类，一般分为管理人员培训大纲和专业技术人员培训大纲，其内容结构基本一致。主要内容为岗位培训大纲编写基本要求，培训实施、培训考核、过程管理、培训流程、培训等效、培训授权要求，管理序列和技术序列培训大纲，以及对应的规范文件模板及培训记录要求等。

培训大纲编写要求主要说明岗位培训大纲设计的基本原理，明确系统化培训方法（SAT）在人员能力培养中的作用和要求，明确培训项目组织实施、培训考核、培训管理等管理要求，明确岗位人员资格要求、培训设施、考核评定及授权管理等要求以及对岗位人员岗位绩效评与岗位培训大纲修订等管理规范。

培训实施环节主要明确外委培训、公司培训、部门培训等不同培训项目的组织分工，原则上外委培训项目及公司级培训项目由培训中心负责管理，部门级培训由对应部门负责管理。培训考核与过程管理一般按照公司培训政策或相关管理文件执行，在大纲程序内不做详细赘述。培训流程管理主要对校招、社招、转岗等不同类型入职人员的培训流程进行规范，确定其培训与授权流程，并在培训等效环节对以上人员的岗位能力及培训与考核进行规范，确保岗位人员能力满足岗位要求，合理使用培训资源，保证培训效果。

授权管理环节需要明确不同类型授权的考核实施、授权申请、授权评定流程，以及对考核小组人员资格及人数、考核不合格处理、授权有效期、授权过期后重新评定流程、授权等效、授权撤销等详细管理要求。

岗位资格要求主要结合岗位三定程序，明确岗位人员的身体健康要求、学历要求、工作经验、职业（执业）资格要求、岗位培训管理要求等。其中职业（执业）资格要求需要满足国家相关法律法规要求，如核反应堆操纵人员必须获得国家操纵员（RO）或高级操纵员（SRO）执照，特种作业人员需要获得相应的特种作业证书等。

岗位人员对应的课程清单需明确其岗位能力要求的全部课程，包括岗位任务分析出的课程、法律法规及相关要求的课程、管理层要求的能力提升课程等，部分与岗位无直接关联的课程可不必纳入，直接参考其相关管理程序即可，如某些兼职岗位能力要求的课程，其能力要求一般与岗位无关，而是管理者临时性指派，承担该兼职工作的人员可以随时调整，与其本职岗位工作无关，则无须列培训课程清单。

1.3.3 培训课程体系应用实践

宁德核电厂在全面进行 SAT 分析之后，对全部课程体系重新进行了设计和规范，对历史遗留 6000 余门课程全面优化，对历史课程与现有课程的等效关系，有效期界定等进行了全面有效的管控，保障日常培训工作的顺利开展及员工培训授权的有效运作。

课程体系优化需对课程名称、课时、课程编码、课程有效期、培训方式、考核方式、组织部门进行规范，并在培训管理系统进行统一管理，将培训大纲与课程进行直接关联，采用信息化管控的方式，让培训管理系统自动将员工岗位培训大纲课程要求与其培训记录进行比对，确定其培训与考核情况，通过培训管理系统进行授权前自动判断其是否满足大纲要求，同时便于员工制定年度个人培训计划。

课程名称需要有一定的命名规则，不得随意变动，同时在课程发生变化时需要考虑历史课程的延续及传承，避免对以往参训学员带来不必要的重复培训，可以通过进行课程等效，或补充培训等方式进行沿袭。一般核电厂的培训管理工作均有相应的培训管理系统，配套有课程管理的功能，首先课程名称的字符长度不应超过系统要求的字符数量限制，其次课程名称再发生变化时，其关键字不宜发生变化，以便于后续使用的便利性。再次在课程名称的命名方面，需简洁明了，不宜使用过多复杂符号等，同时对于同一类课程，尽可能课程名称不要相同么，如需分类分级，可以在课程名称上进行区分，如通过初级、中级、高级或一级、二级、三级等关键字进行区分。

课程编码是培训课程体系分类管理的关键要素之一，宁德公司在应用 SAT 分析之后，对课程体系进行了全面的优化和规范，按照课程类别、课程归属、课程编号三个维度进行严格划分，具体编码规则见图 1-3。

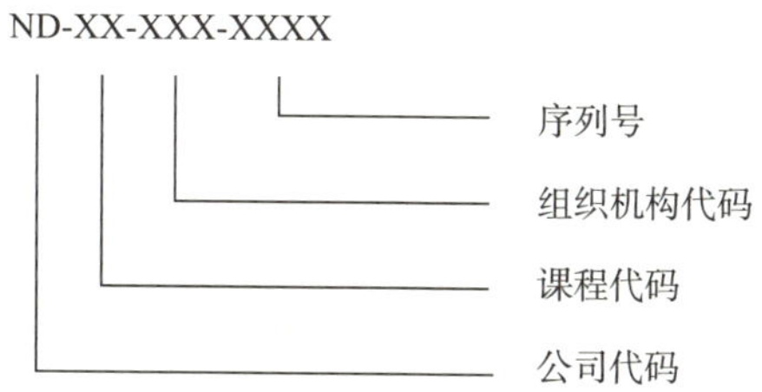

图 1-3　课程编码规则

第一组：公司代码，由两位英文字母组成，ND 表示宁德核电；

第二组：课程代码，由两位英文字母组成。宁德核电《专业课程代码清单》见表 1-9。

表 1-9　专业课程代码清单

课程类别	课程代码	课程类别	课程代码
安全质量培训	BQ	专项技术培训	ST
技术理论培训	TK	管理培训	MN
防人因培训	HP	党务培训	PU

续表

课程类别	课程代码	课程类别	课程代码
技能培训	SK	临时培训	OT
模拟机培训	FS		

第三组：组织机构代码，由三位英文字母组成，宁德核电《公司组织机构代码清单》见表 1-10。

表 1-10　公司组织机构代码清单

组织机构	组织代码	组织机构	组织代码
宁德公司	NPP	技术部	OTS
总经理部	NGM	合同采购部	PCD
运行一部	OPO	信息文档部	ODI
运行二部	OSO	培训部	OTD
计划部	OPP	工程管理部	NPM
化学环保部	OPC	审计与法律事务部	NAU
核安全与执照部	SSL	质保部	NSQ
安全防护部	OSP	财务部	NFN
机械部	OMD	人力资源部	NHR
电气部	OEE	综合管理部	NAD
仪控部	OIC	党群工作部	NPD
生产服务部	OGS	二期准备办公室	PPO
工程改造部	OEN	电力市场营销部	EMC
设备管理部	OPE	纪检工作部	NDD

第四组：序列号，若课程之间有一定的逻辑性或规律，可按一定规律确定序列号。如 ND-TK-NPP-0320 表示公司《压水堆核电站系统与设备》公共课程。

对于部门课程序列号，原则上按照部门公用、科组专用进行区分，以便于部门课程的分类管控，如宁德核电培训部将 0000～0009 作为部门公用课程编码字段，1000～1999、2000～2999、3000～3999、4000～4999、5000～5999 作为部门五个专业模块对应的课程编码字段，以区分五个专业的课程编码，便于日常使用和管理。

培训种类分为初训、复训，其主要依据 DIF 判断原理，对重要度、难度较高工作任务关联的课程需初训，且如果同时频率较低的需进行复训，以保持和提升岗位人员知识技能水平。复训的周期根据工作任务频度而定，最长不超过三年。

培训方式直接关系到培训课程的培训效果，宁德核电将培训方式分为课堂培训、实操培训、在岗培训和自学，培训方式可以是以上四类，或者其组合，如《工业安全二级》课程培训方式为课堂培训＋实操培训。每一项课程都必须明确培训方式，其主要是课程开发人员针对实现最佳培训效果来确定，同时根据培训方式来确定培训课程对应的课时，从培训的实效而言，一般按照 721 法则进行设计。

考核方式是用来检验培训效果的主要方式，一般培训考核方式分为现场考试、模拟机考核、实操考核、笔试、口试等，每一门课程都必须明确对应的考核方式，以在培训后检验培训的效果。

1.3.4 培训大纲应用实践

SAT 分析阶段将各岗位任务分析出的能力要求（KSA）转化为课程后，需通过培训大纲进行规范，明确岗位人员“培训—考核—授权—上岗”的详细要求，使岗位人员具备满足岗位必需的知识、技能、态度，获得岗位技术授权而从事岗位工作。培训大纲设计涉及的主要要求一般有：

·根据组织机构与职责所规定的岗位说明书，采明确各岗位任职资格、能力培养所必需的培训课程要求及岗位人员能力培养流程。

·明确岗位人员培训组织实施、培训考核、培训管理等管理要求。

·明确岗位人员授权类别与资格要求、技术授权申请、授权考核与评定流程及授权管理等要求。

·适时对岗位人员岗位绩效表现进行综合评价，并根据评价结果对岗位培训大纲进行修订，以保持和提升岗位人员知识、技能满足岗位能力要求。

以宁德核电培训部培训管理模块教务助力工程师为例，其岗位能力培养路径图及课程清单如图 1-4 和表 1-11 所示。

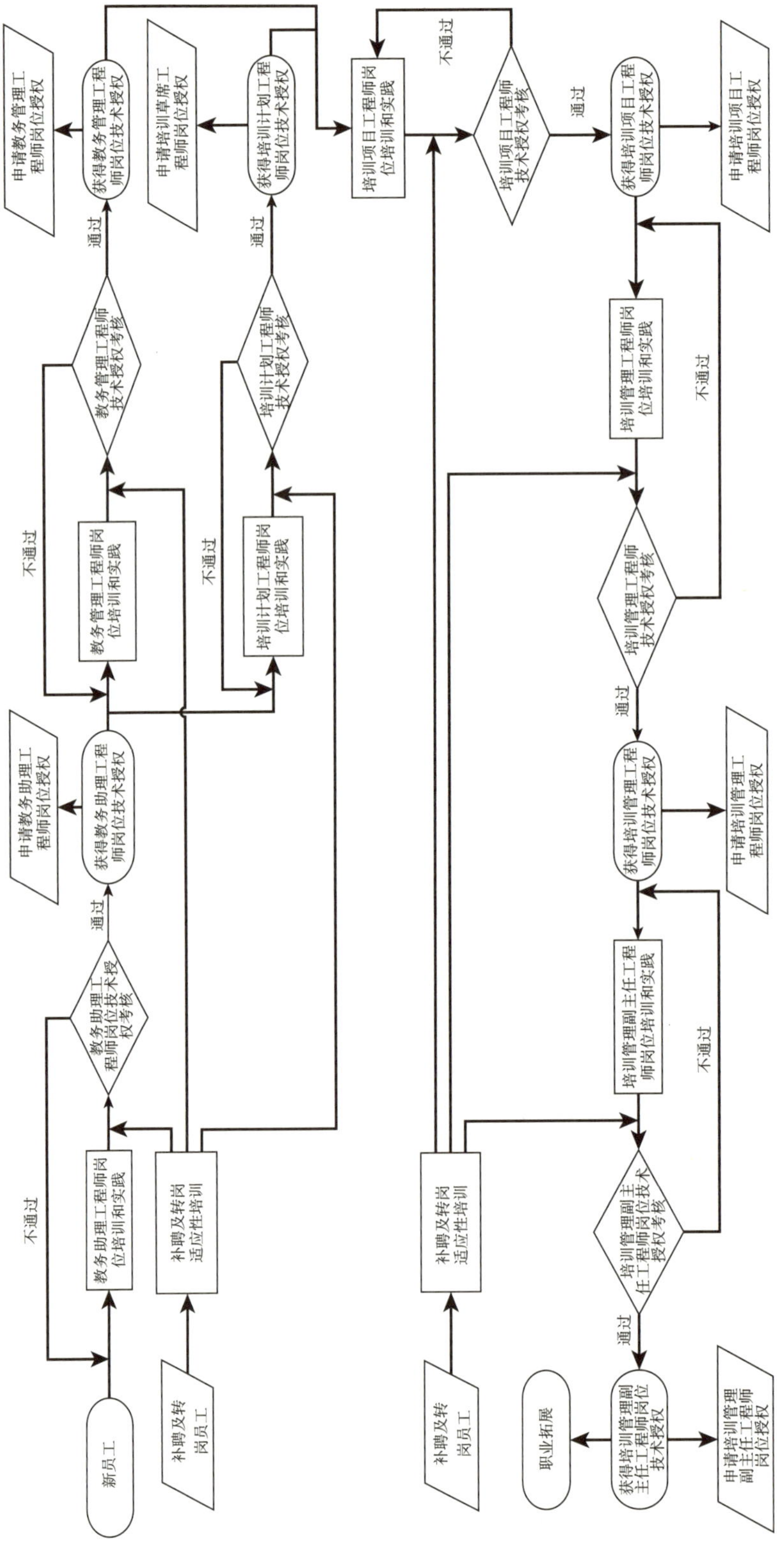

图1-4 培训管理人员岗位发展路径图

表 1-11 教务助理工程师岗位培训课程清单

序号	课程	对应 K	培训种类	复训周期	培训方式	培训课时	考核方式
1	核电基础知识	ND-TK-NPP-0307	初训	NA	课堂培训	15	笔试
2	培训部组织机构与职能	ND-ST-OTD-0001	初训	NA	课堂培训	2	口试
3	培训管理系统培训	ND-ST-NPP-0141	初训	NA	课堂培训	11	笔试＋实操
4	兼职教员授权培训	ND-ST-NPP-0144	初训	NA	课堂培训	11	口试
5	培训管理人员管理程序	ND-ST-OTD-5001	初训	NA	自学	35	笔试
6	WORD 培训	ND-ST-OTD-5002	初训	NA	自学	7.5	实操
7	EXCEL 培训	ND-ST-OTD-5003	初训	NA	自学	7.5	实操
8	OUTLOOK 培训	ND-ST-OTD-5004	初训	NA	自学	7.5	实操
9	PPT 培训	ND-ST-OTD-5005	初训	NA	自学	7.5	实操
10	教务管理一级	ND-ST-OTD-5101	初训	NA	在岗培训	35	口试
11	接待管理一级	ND-ST-OTD-5102	初训	NA	在岗培训	15	口试
12	培训档案管理	ND-ST-OTD-5103	初训	NA	在岗培训	30	口试
13	培训工程师管理	ND-ST-OTD-5104	初训	NA	在岗培训	15	口试
14	培训管理系统管理	ND-ST-OTD-5105	初训	NA	在岗培训	30	口试
15	培训教材管理	ND-ST-OTD-5106	初训	NA	在岗培训	15	口试
16	培训设施与资产管理	ND-ST-OTD-5107	初训	NA	在岗培训	15	口试
17	专兼职教员管理一级	ND-ST-OTD-5108	初训	NA	在岗培训	15	口试
18	预防人因失误理论	ND-HP-NPP-1001	初训	NA	课堂培训	3.5	笔试
19	预防人因失误工具—“明星自检”训练	ND-HP-NPP-1002	初训	NA	课堂＋实操	3.5	实操
20	预防人因失误工具—“监护操作”训练	ND-HP-NPP-1003	初训	NA	课堂＋实操	3.5	实操
21	预防人因失误工具—“工前会”训练	ND-HP-NPP-1004	初训	NA	课堂＋实操	3.5	实操
22	预防人因失误工具—“使用程序”训练	ND-HP-NPP-1005	初训	NA	课堂＋实操	3.5	实操
23	预防人因失误工具—“三段式沟通”训练	ND-HP-NPP-1006	初训	NA	课堂＋实操	3.5	实操

1.4 培训课程开发

开发阶段就是要以设计阶段输出的培训方式、培训目标为基础，编写出一套适用于实施培训的教学文件，可在培训实施期间为教员和学员提供指导。如何将开发阶段的各个活动成果落实在教学文件中？宁德核电在分析总结中广核原有教学文件体系的使用实践基础上，对标 INPO 标准，在 2016—2017 年重新制定教学文件开发标准，将教学文件确定为课程说明书、教员手册、学员手册、考核大纲、教材、PPT 六件套，2018 年在部门内部开发实测完善，2019 年开始全公司推行三年开发计划，全面推广教学文件开发。2020 年在六件套的基础上，契合考核大纲的要求，新增第七个教学文件——题库。

1.4.1 培训课程设计

教学文件设计的核心要义是“规范教员，服务学员，达成目标”，指导思想是“实现整个培训过程的精细化管理、闭环控制”。由此，教学文件应包括以下七项内容：课程说明书、教员手册、学员手册、教材、教学辅助工具、考核大纲、题库。各文件的总体逻辑如图 1-5 所示。

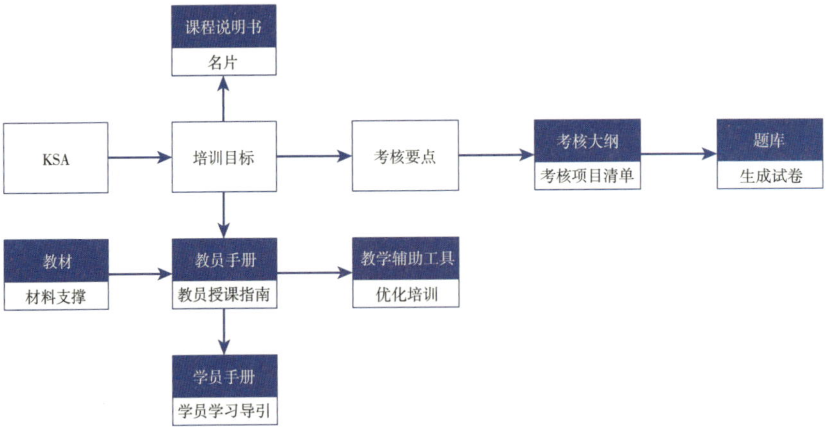

图 1-5　教学文件七件套的逻辑架构

1.4.1.1 课程说明书

作为一门课程的名片，课程说明书对该课程的整体情况进行简要介绍，包括但不局限于以下内容——课程开发背景，课程内容简介，预期培训效果，推荐教员，先决条件，课时，授课方式等等。其最重要的功能是根据上游分析出的 KSA 生成培训目标，其中，K/S/A 必须与分解培训目标一一对应。

培训目标指明学员完成了某个培训之后能够干什么，在什么条件下达到何种标准。包含主体（学员）、行动（可衡量的行动）、客体（行动针对的对象）、条件（在什么条件的行动）、标准（学员需达到的标准）。培训目标又分为总体培训目标和分解培训目标。

总体培训目标直接与某项任务和全面工作能力有关，说明完成某项培训后，学员最终能完成的任务，一般由任务直接转换而来。一个总体培训目标对应一门课程，也可以多个总体目标组成一门课程。分解目标为达到总体目标之前所先必须达到的目标。多个分解培训目标组成一个总体培训目标。

课程说明书是必需的，是一门培训课程的自我介绍，是学员判断一门课程是否有必要学习的重要依据。

1.4.1.2 教员手册

作为指导教员授课的主要工具，对该课程的全部内容进行详细设计。教员手册分为四个部分，分别是基本信息、前期准备、正文、附录。

基本信息包含编审批信息、历史版次编审批记录、升版记录、目录页四部分内容。

前期准备包含 10 个栏目，分别介绍如下。

（1）课程总体框架结构：介绍课程的逻辑架构，以及各个模块或各个章节的课时分配。

（2）课程简介：简述课程背景、总体目标等。

（3）教室布置及学员分组规则：根据不同的课堂效果选择不同的教室布置方式。

（4）课程计划：简述每节课的主要内容。

（5）自主学习活动索引：列出课程中所有的“自主学习”活动，即以学员为主导的教学活动；如自习、答疑、实操。

（6）学员课前的预习清单及交付：列出课前应预习的内容；如有需要，可注明预习材料的出处；应在“交付”一栏中注明检验方式。

（7）学员课后作业清单：列出课前应预习的内容；如有需要，可注明预习材料的出处；应在“交付”一栏中注明检验方式。

（8）学员课堂使用材料清单：列出学员来上课应自带的学习材料；列出教员应提前发放的学习材料。

（9）课程准备：提醒教员在课前一周应该做的事情。

（10）课前准备：提醒教员在课前 30 分钟应该做的事情。

正文部分用以指导整个课堂培训的进行，可以说是教员进行课堂培训的“剧本”。组成课堂培训的最小单元为“知识点”，对应于教员手册就是“单元表”，如表 1-12 所示。

表 1-12　单元表

要点简述	
计划用时	
教学活动	
要素分解	
预期效果	
检验方式	
学员疑问	

注：一个单元表对应于一个知识点，知识点划分的颗粒度以讲解时间为 5～20 分钟为宜。

单元表有 7 个要素，分别介绍如下。

（1）要点描述：用一句话描述所讲知识点的内容。

（2）计划用时：说明讲解该知识点的计划用时。需要注意的是，在教材编写阶段，并不要求编写者在第一次就把用时设计得非常精准合理，实际用时要通过历次的试讲与教材升版逐渐确定。在实际授课阶段，如果教材还未成熟定型，并不要求教员严格遵循计划时间，更多是对教员提醒。如果某处知识点的用时严重超标，那就要有意识地在之后的课程中调整用时。

（3）教学活动：列出该单元所使用的教学活动，例如，讲授、板书、PPT 演示等。合理运用这些教学活动，能很好地组织整个课程。每单元应至少有一个教学活动，也可以多种方式并用，但并不建议设计过多，1～3 个为宜。

（4）要素分解：这部分是整个教员手册的核心。对于每一个教学活动，都应该进行要素分解。对知识点分解的颗粒度，我们的基本原则是：按照时间发展的顺序，逐步列出课堂上的语句和动作。目的就是使得教学活动的每一步都有据可依。当一个单元包含多个"教学活动"时，建议在"要素分解"中相应位置用图标进行标识。各教学活动图标如"参考 1"所示；简单来说，此处应写在课堂上你要"说什么""做什么"；夸张地说，正文部分就是教员课堂录音的文字版。

（5）预期效果：对于该单元的知识点，描述在讲解完成后希望学员达到什么样的水平；可以是客观的通过练习题检测，也可是教员主观的观察。

（6）检验方式：对上述"预期效果"进行检验。例如，观察学员反应、提问、提交课后作业等等。

（7）学员疑问：列出在历次授课中，不同背景的学员可能遇到或已经提出的疑问，并注明答案。该部分内容可能并不需要在课堂上展示，根据学员需求而定。

附录部分包含 3 个栏目，分别介绍如下。

（1）参考资料：列出编写本教员手册参考的资料。

（2）板书记录：正文中涉及"板书"的教学活动，需要事先设计，并记录在教员手册中。

（3）经验反馈：用于放置案例教学的案例，放在附录中可便于案例的更新升版。

教员手册是必需的，用于规范教员，使课程内容不因教员的不同而侧重点不同，是一名教员高效地完成教学任务的关键。需要强调的是，教员手册不可用学员手册、教材或者其他教学辅助工具代替。

1.4.1.3　学员手册

作为指导学员学习的主要工具，对该课程的知识结构进行合理编排。学员手册分为四个部分，分别是基本信息、前期准备、正文、附录。

基本信息包含编审批信息、历史版次编审批记录、升版记录、目录页四部分内容。

前期准备部分包含8个栏目，分别介绍如下。

（1）课程简介：与《教员手册》相同。

（2）考核方式：与《考核大纲》相同

（3）课程计划：与《教员手册》相同

（4）课程公约：列出主要的课堂纪律。

（5）《学员手册》结构简介：简要介绍《学员手册》的组成部分。

（6）课前预习清单：与《教员手册》相同。

（7）课后作业清单：作业内容与《教员手册》相同；完成位置注明作业在《学员手册》的页数。

（8）阶段性学习总结：每一阶段课程结束后，要求梳理所学的要点，并在本手册的“课程要点”列表中简短列出。教员将在下次上课前进行检查，或请各组交流讨论。

正文部分以“知识点”为单元划分的依据，为学员建立学习的脉络。正文部分应包含课程目标的所有内容；不属于课程目标的内容不应出现在正文部分。

该部分应该致力于为学员设计出便于“做笔记”的架构。良好实践如图1-6所示。

（4）小结

类型	DCS描述	条件
冲转模式	Run-Up Mode ON	
空载模式		
负荷模式		
甩负荷		

（7）超速超加速保护

a）当出现超加速保护时，会在最终的阀门度指令上累加______的指令，从而使得所有阀门______________。

b）发生保护的条件是什么？

____

____

____

（8）总蒸汽需求量

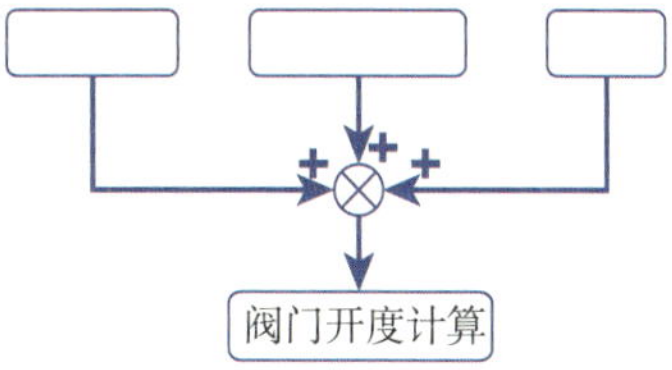

图 1-6　学员手册设计的良好实践

课堂上学员需自行阅读的内容，可放在《学员手册》中，这样可以简化PPT的负担。恪守三不：不能是PPT内容的复制；不能是教员手册的复制；不能是习题的堆积。

附录部分列举后续学习推荐用书。

学员手册是必需的，用于服务学员，为之建立知识架构，凸显重点难点，是一名学员高效地完成培训任务的关键。同样，学员手册也不可用教员手册、教材或者其他教学辅助工具代替。

1.4.1.4　考核大纲

用于明确考核方式与考核要点。

考核方式必须与大纲课程保持一致；必须为笔试（闭卷/开卷）、口试或实操考试中的一种或组合。

考核要点应为名词短语。每个考核要点必须对应一条分解培训目标，可以一对一，也可以多对一，即一个分解培训目标至少对应一个考核要点。每个考核要点都要说明是否必考项；每个单元至少包含 1 个必考点。每个考核要点都要说明是否一票否决；一门课程中可以设置一票否决，也可以不设置；若设置，一票否决项回答错误则直接判定不合格。

1.4.1.5 教材

作为支撑整个课程的理论资料，对该课程的理论知识进行详细讲解。现有课程的大部分教材均属于该项。

教材可作为开发课程时，设计教员手册与学员手册的辅助参考资料，或作为学员自学的参考资料。

1.4.1.6 教学辅助工具

教学辅助工具形式繁多，如白板、PPT、虚拟现实技术等，本程序只对最常用的 PPT 作出基本规定。

PPT 作为教员授课的主要辅助工具，应完成其他手段（诸如板书、讲述）不可实现的培训效果。

PPT 可作为完成培训的辅助工具。可借助其优势简化教学，加强理解，但不能是教员手册、学员手册或者教材的简单重复。

1.4.1.7 题库

用于规范考试试卷，使得考核环节也可纳入评估之中。

对于必考考点或一票否决项，应不少于 5 道考题；其他考点应不少于 2 道考题。

1.4.2 培训课程开发

1. 公司级课程开发

宁德核电公司级教学文件开发，根据经验并形成一整套完整的开发项目管理流程。下面按照教学文件要求、开发小组、开发流程、过程管理、会审管理、GDAS 上线五个方面来说明。

（1）公司级教学文件要求

首先根据公司级教学文件不同类型及课程实际特点，制定相应教学文件要求，宁德核电公司级教学文件要求如表 1-13 所示。

表 1-13　公司级教学文件要求

培训类型		教学文件要求	备注
课堂	管理类课程及《总经理谈核安全》	课程说明书、PPT	1. 没有教材的课程，其 PPT 按教材要求管理； 2. 集团统一开发的课程按集团要求管理； 3. 教材可以自编或采用外部教材
	其他类型	课程说明书、教员手册、学员手册、教材、考核大纲、PPT、题库	
实操		课程说明书、考核大纲	
自学		课程说明书、考核大纲、题库	

（2）开发小组

为切实推动教学文件的组织领导和实施，各部门成立开发小组，沿用 2018 年 SAT 工作小组进行推进和跟踪。即公司和部门两个层次的组织机构。

① 公司层

由培训部牵头组织，成立公司教学文件推进小组。

工作小组：批准实施方案与计划，统筹资源安排，负责跟踪推进，组织审核、协调指导相关工作。

② 部门层

成立由各部门经理为组长，各部门培训工程师牵头，组建本部门教学文件推进工作小组，负责本部门教学文件推进工作，如图 1-7 所示。

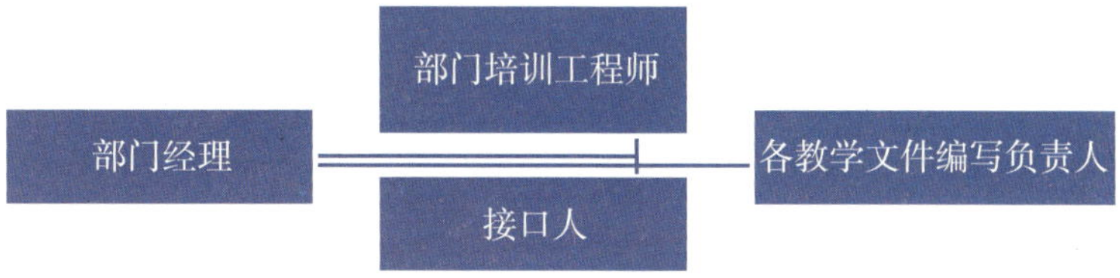

图 1-7　部门层教学文件推进

（3）教学文件开发流程

公司级教学文件开发流程分为：制定计划—编写—部门初审—OTD 审查（接口人负责）—会审（秘书组织，接口人协调）五个环节，详见图 1-8。

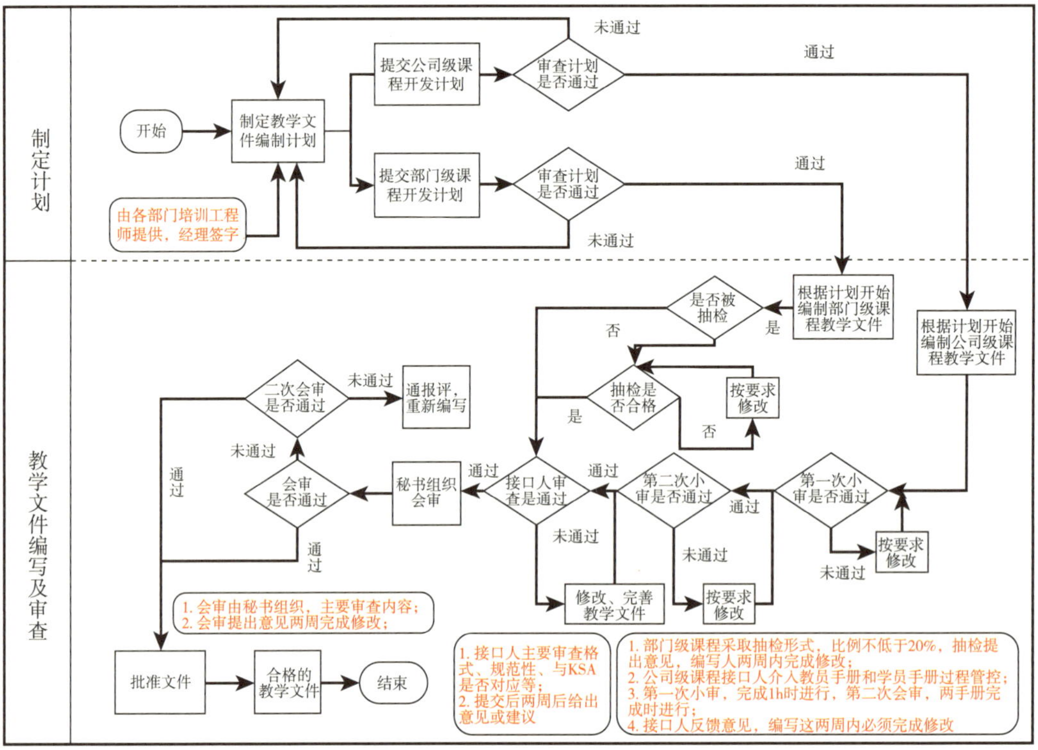

图 1-8　教学文件工作流程

在整个流程中，各工作人员职责如下。

接口人职责：

· 接口人由培训部教员组成，全面负责确保每个公司级课程编写者必须通过《教学文件编写》培训；有课程授权（或课程开发者）的人编写；

· 接口人公司级课程必须全程参与过程管控，部门级课程采取抽检形式进行过程管控，并填写《过程管控记录单》；

· 每个月月初反馈各部门完成进度；

· 接收到培训工程师教学文件材料，两周内必须完成审查（主要是格式方面、KSA 关联性等），并填写《教学文件审核记录单》；

· 会审提出的修改建议，由接口人负责协调各部门修改、完善。

各部门培训工程师职责：

· 制定本部门公司级课程和部门级课程教学文件开发计划；

·跟踪落实本部门按计划编写教学文件；

·每周向接口人提交进展情况；

·在本课程计划到期前两周提交相关材料给接口人；

·接口人审核提出意见或建议，跟踪落实编写人修改、完善；

·组织本部门会审专家参加会审；

·记录本部门会审意见、建议并跟踪落实编写者修改、完善。

编写人员职责：

·参加《教学文件编写》培训；

·按计划和要求编写所负责课程的教学文件；

·在计划到期至少提前两周提交教学文件给本部门培训工程师；

·接口人审查提出建议或意见，两周内修订、完善；

·会审中提出建议或意见，两周内修订、完善。

各领域秘书工作职责：

·负责组织该领域教材会审；

·会审由秘书统筹安排；

·会审结果向领域小组组长汇报。

（4）过程管理

为了确保教学文件质量，在公司级教学文件编写教学文件过程中，设置两次小审：

·第一次小审：对于每个编写者的第一本教材，在正文部分编写完1个课时，接口人（或其委托人，下同）必须予以审核并提出意见，重点在纠偏；

·第二次小审：对于每个编写者的第一本教材，全部完成后，接口人必须先进行初审，确保“小审”问题得以解决；

·“小审”时，各接口人可委托培训部评估小组成员（可多人）进行审核，并给出修改与纠偏意见；

·对于编写态度认真或编写质量优良的在公司相应会议上予以通报；

•接口人肩负不断提醒的重任，对于两次“小审”都问题严重的，应在公司相应会议上予以通报。

（5）会审管理

为了更好地验收教学文件质量，设置会审环节，下面从会审团队、会审方式、会审细则三个方面来阐述。

① 会审团队

•各领域会审工作由秘书统筹组织和协调，接口人配合。

•各领域会审团队可由组长、秘书、相关接口人、部门培训工程师、各部技术骨干等组成。

•各部门技术骨干要求：技术骨干原则上要求：中高级技术岗位或本领域经验丰富（5年以上）的其他技术人员；各部门可选取3～5名技术骨干（含培训工程师）进入会审团队，会审时视情况选取1～2名参加。

② 会审方式

•会审采用集中会审制度，各领域视实际情况，每年9-11月开展多次会审。会审时候，根据实际情况按照不同时间段分部门进行；

•各领域会审中提出意见或建议，由相关培训工程师填写会审记录单（见附件并签字确认；后续修改、完善工作由各接口人协调各部门按期完成。

③ 会审制细则

•会审人员由各领域秘书组织并统筹安排；

•以下会审细则仅供参考，后续由各领域秘书可以参考以下方式，制定本领域会审方式，并征得组长同意后自行实施。

•第一次会审：原则上建议在9—11月份进行；

•会审内容：知识点与KSA关联性；知识点讲解正确性。

•会审流程：

•由编写者简介课程及教材内容，会审人员审核教学文件内容；

•由会审人员自行决定是否选择某一个小节的内容模拟课堂授课；

•编写者记录会审人修改意见，并与会审人员达成共识；

- 由会审人员决定是否进行第二次会审；
- 有接口人负责协调各部门修改、完善；
- 第二次会审：因为实行了节点管控，原则上，不希望出现第二次会审，对于需要二次会审的课程，培训部与接口人需说明原因，若是个人原因，需在相应会议上予以通报。

⑤ GDAS 上线

为了实现教学文件电子化，方便员工查阅教学文件，在项目开发之初就联合公司的信息文档部以及集团兄弟单位 CIT 共同开发了一套宁德核电的 GDAS 教学文件七件套电子编审批系统，所有编辑、审查、批准均通过电子系统提交，如图 1-9 所示。

图 1-9　电子编审批系统

为了方便学员操作，培训部还编制了《GDAS 教学文件生效、升版、注销删除流程》；同时为了方便接口人审查，编制了《GDAS 教学文件接口人文件审查、生效、注销指南 V1》，并开展相关培训，提高编写人员和审查人员电子使用技能。

第二章　运行人员培养

2.1 背　景

运行执照人员，即核电厂反应堆操纵人员，是核电厂建设和运营过程中的必备人力资源。核安全法规对装料前操纵人员数量和资质都有明确要求，根据 HAF 001/01《核电厂安全许可证的申请和颁发》规定持中华人民共和国核电厂《高级操纵员执照》人员方可担任核电厂正、副值长和运行部主任（或相当的技术职务），核电厂每个运行值班中需有 3 名持照人员，其中至少 1 名应是核电厂《高级操纵员执照》持有者。高素质的反应堆操纵人员是实现核电厂纵深防御策略、守护核安全防线的重要保障。

随着核电行业对优秀高校毕业生吸引力的降低、运行员工对操纵人员取照过程的“畏惧”及学员自身准备不足、不重视等内外部因素影响。近几年全国各核电厂取照考试平均通过率低于 65%（宁德核电厂 2017 年取照考试通过率仅 52%），执照人才培养面临极大挑战。受制于我厂全范围模拟机和模拟机教员配置等培训资源的限制，我厂执照人员培训供需双方长期处于不平衡状态，模拟机利用率和教员工作负荷长期维持在高位，仅 2018 年下半年参加取照考试的人数就达到 55 人之多。2020 年，由核动力运行研究所牵头实施的《核电厂预备操纵员入口选拔条件与方法研究》报告中也指出：近年来各核电厂操纵人员执照考核存在人员素质水平下滑趋势。

目前，我国的核电企业对反应堆操纵人员的培训体系普遍基于国际原子能机构（IAEA）推荐的 SAT（SYSTEMATIC APPROACH TO TRAINING）系统化培训方法而建立。虽然核电厂的执照人员培训体系具备科学的方法指导，且各电厂也根据上游法规、条例要求编制了诸如《操纵人员培训与再培训大纲》和《运行模拟机培训》等管理程序，但各核电厂对运行执照人员的培养普遍缺少由体系到行动措施的转化过程，在实施过程中往往是靠着培训经验的传承和模仿，缺乏对具体措施的研究和实施细则的标准化。造成实施过程管控失效、执照人员培养质量波动甚至下滑。

2.2 运行执照人员培养标准化的价值

核电厂的执照人员培养工作是一项系统性工程。它使学员通过有计划的、连续的学习而获得知识、技能、态度及行为的定向改进的行动过程，使其能够按预期的标准或水平完成所承担的工作任务，其本质是通过学习以及连续的系统培训行为使学员的工作行为符合核电行业规定、满足核安全的需要。一名中级现场操作员从参加学习操纵员选拔开始，到通过国家能源局组织的操纵员笔试、口试、模拟机考核，获得国家核安全局颁发的反应堆操纵员执照最少培训周期为 1 年。在这 1 年的时间里，学员几乎所有的精力都将投入到全范围模拟机和理论知识的学习，其在当前岗位对企业价值贡献甚少。因此，核电厂的执照人员培养又是一项高投入的工程。

基于系统化培训方法所建立起来的运行执照人员培养体系，如何才能落地生根，转化为易于执行和绩效评价的标准化制度，从而保证执照人员培养这项高投入工程具备高产出。我们立足宁德核电的执照人员培养体系现状，通过对执照人员培养标准化的建立，经过不断地实践、创新和迭代改进，将标准化行动落实为可执行的制度。理顺了执照人员培养流程，提高取照考试通过率，进一步做强、做实执照人员培训工作，为公司实际发展需求，特别是为宁德核电二期项目及向苍南核电的执照人员分流提供足够的人才储备。

2.3 执照人员培养标准化建设过程

2.3.1

通过对过往培养执照人员的经验、方法进行梳理和分析，结合宁德核电厂的实际培训情况，执行以下标准化建设。

2.3.1.1 学员的资质

学员资质除遵守《核电厂操纵人员执照考核》（NB/T 20257—2013）和电厂内部的《操纵人员培训和再培训大纲》基本要求外。还规定运行部门按照“择优推荐”的原则，对学员的学历、资格、工作经历、工作能力、工作表现、心理素质和行为规范进行初审。根据最终取照考试时间，提前13个月向培训部推选“学习操纵员”候选人。提前9个月向培训部推选“学习高级操纵员”候选人。

学员资质要求的标准化，能确保运行部门向培训部推荐的学员素质在知识技能、心理素质和行为规范上具备较高的综合特质，避免了以往只要满足现场中级操作员条件就能参加选拔考试的现象。推荐时间的前置要求也能促使运行部门提前谋划值内人力安排以及学员对模拟机培训前的准备。杜绝选拔后立即参加培训，造成现场工作人力紧张的现象。同时保证学员具备必要的时间进行模拟机培训前准备，以提高培训质量。

2.3.1.2 选拔考试

选拔考试的标准化，将以往的培训部单次选拔优化为运行部和培训部的两级选拔机制。选拔考试形式也从单一的笔试选拔优化为笔试和口试选拔两个部分。通过增加口试环节，能确保选出具备良好沟通能力和知识运用能力的学员，也为后续培养合格执照人员打下基础。

根据选拔考试结果，确定最终学员名单，编写选拔考试报告，并上报电厂操纵人员考评委员会审查。经考委会审查通过的学员，确定为学习操纵员或学习高级操纵员。

对于往年未能通过取照考试但具备培训经历的学员，为保证其具备连续的、足够的学习能力，根据该学员在模拟机培训阶段考试情况、取照考试通过情况及再次参加培训时间间隔，对往届学员的学操资格和培训内容要求做重新判定，详见表 2-1。

表 2-1 学习操纵人员资格及再培训鉴定表

类别＼下次考试（培训）时间 T	≤1 年	1～2 年	＞2 年
首次取照考试不合格（笔试未通过）	保留学操资格，仅培训 M8 或 MC	保留学操资格，培训全部模拟机初训课程	重新参加学操选拔，培训全部模拟机初训课程
首次取照考试不合格（笔试未通过）但属于非首次参加模拟机培训	保留学操资格，培训全部模拟机初训课程	重新参加学操选拔，培训全部模拟机初训课程	重新参加学操选拔，培训全部模拟机初训课程
首次取照考试不合格（模拟机或口试未通过）	保留学操资格，仅培训 M8 或 MC	保留学操资格，培训全部模拟机初训课程	重新参加学操选拔，培训全部模拟机初训课程
第二次取照考试不合格	不能参加取照考试	重新参加学操选拔，培训全部模拟机初训课程	重新参加学操选拔，培训全部模拟机初训课程
首次模拟机培训阶段考试不合格	从不合格阶段的第 1 门理论课开始重新培训	重新参加学操选拔，培训全部模拟机初训课程	重新参加学操选拔，培训全部模拟机初训课程
非首次模拟机培训阶段考试不合格	重新参加学操选拔，培训全部模拟机初训课程	重新参加学操选拔，培训全部模拟机初训课程	重新参加学操选拔，培训全部模拟机初训课程

2.3.1.3 执照人员培养周期

以往的执照人员培养周期是根据容许的培训时间来判定。相关的管理程序仅对培训内容和培训课时进行了说明，对培训周期并无严格要求。按照不同的培训周期培养出的执照人员质量不尽相同。究其原因主要在于学员对培训准备的质量、参与在岗实践的长短、对知识的消化吸收能力都不相同。因此，在标准化建设中我们通过对模拟机培训时间、笔试准备时间、在岗培训时间的数据分析。根据模拟机课程各阶段培训时长要求（学习操纵员：8 个月、学习高级操纵员 3 个月），叠加笔试准备时间（2 个月），学习操纵员在岗培训时间（6 个月），现场实际生产需要（如年度大修）占用时间（2 个月）。

确定学习操纵员，进行 MNO 课程准备开始计算，学习操纵员培养周期≥12 个自然月。

确定学习高级操纵员，进行 MC 课程准备开始计算，学习高级操纵员培养周期需≥8 个自然月。

2.3.2 培训准备的标准化

2.3.2.1 指定对口师傅

通常情况下反应堆操纵员候选人都是从现场操作员中产生。这部分人员从进入核电厂工作开始都是在生产现场工作。其工作方式和思维习惯都与主控操纵员有极大的区别。为使学员能尽快完成现场操作员与主控操纵员岗位角色的转变。在培训准备阶段，每一位学员都将由值内安排一名持照人员、由培训部安排一名模拟机教员作为该学员在取照培训期间的对口师傅，以在培训准备、课堂培训、模拟机及在岗培训阶段提供监督、辅导和支持，见表 2-2。

（1）学员辅导：利用运行和培训师傅对学员培训期间进行监督和支持。明确师傅职责并监督师傅参与情况；

（2）师傅对学员计划执行的定期审查，对偏离计划轨道的情况，制定纠正行动；

（3）制定改进计划，包括识别弱项清单、新增学习清单、资源支持、完成标准和日期等。

表 2-2 教员/学员对口表（示例）

宁德核电厂教员/学员对口表			
教员	对口值	20××年 RO	20××年 SRO
教员 A	部门/X 值	张某某	何某某
教员 B	部门/X 值	李某某	陈某某
教员 C	部门/X 值	王某某、何某某	李某某
…	…	……	……

2.3.2.2 制定个人学习计划

学员的个人学习计划是学员管理自身学习进展、合理安排个人学习、工作和生活的有效工具。通过对历年学习操纵员考试情况的调查分析发现，在取照考试中排名靠前的学员都有详细、可执行性高的学习计划。并且在学习计划的执行中调整次数≤2 次。因此，对学员个人学习计划的制定要求也被纳入执照人员培养标准化实践中。

学员经考委会资格审查通过后，需要在两周内完成取照学习计划的制定，学习计划应尽可能详细，可执行性要高，并设置适当的考核节点（节点跨度≤30 个日历日），见表 2-3。经值内对口师傅审查，值长签字后提交运行培训组和对口模拟机教员。运行培训组需对每位学员的计划考核节点做好登记，以便后续跟踪计划实施进展。

表 2-3 学员学习计划示例

某学员-20××-×月（MNO 复习+MMO 准备）						
对 MNO 知识进行回顾总结，结束后立即进行 MMO 准备，MMO 难度最大，需要充分的学习。						
周日	周一	周二	周三	周四	周五	周六
						1
MN04 相关程序的学习准备/SIP						
2	3	4	5	6	7	8
MNO4						
9	10	11	12	13	14	15

续表

MNO 知识点回顾总结/						
16	17	18	19	20	21	22
MNO5						
23	24	25	26	27	28	29
MMO 准备/核物理习题第一章						

2.3.2.3 培训前的知识技能准备

运行执照人员的培养有一个显著的特点，即培训知识内容多，涉及面广。学员不仅要掌握电厂系统设备基本理论知识，还要对电厂管理程序、各类运行技术程序、状态导向法事故控制程序和 DCS 人机界面等知识内容进行学习。所有知识点的学习不可能全部由课堂培训解决。因此，在标准化实践中，我们以培训准备为突破点，组织编写了《各阶段模拟机培训准备清单》。

通过对培训目标的分析，提前向学员阐明培训准备标准和准备方向，将各项知识点具体化，对抽象难懂的事故控制关键点进行解释说明。创新使用重要知识维度的星级标示。阶段重要度（I）星级越高，代表要求掌握度越高。以利于学员在课程准备期间能做到有的放矢，提高课程准备效率。

★★★★★：深刻理解且能脱离文件熟练使用；

★★★★：正确理解并依据正确的文件熟练使用；

★★★：熟读并能口述出关键知识点；

★★：通读并能依据文件快速查询对应内容；

★：了解、对常识性知识点有一定印象。

以机组正常运行工况全范围模拟机培训（MNO）准备清单为例（见表2-4），要求学员在开始机组正常运行工况全范围模拟机培训前，需按照“管理程序”“技术程序/理论知识”“画面熟悉”和“单项操作”四个大维度进行准备。而每一个大的维度内又分为若干子项目，比如“管理程序”维度下面又分为反应性管理、运行活动与操作监护、运行值班、运行技术规范、运行技术规范解释、模拟机课程及学员行为要求、行为规范、文件执行和五项基本功导则等8个子项目，并给出了其重要度、期望标准和准备方向。

表 2-4　MNO 模拟机课程培训准备清单（示例）

宁德核电厂学习操纵员 MNO 模拟机培训准备清单

（模拟机培训教研室制）　　　　　　版本：第3版

维度	子项目	本阶段的重要度（I）	期望的标准	准备的方向	备注	学员对完成项逐项签字确认（名字＋日期）	值长签字确认学操已准备好（名字＋日期）
管理程序	运行技术规范/解释规范	★★	了解运行技术规范/解释规范的结构，各章节的作用，能够根据系统或设备出现的异常，查询IO信息并正确记录白板信息，能够根据技术规范的条款，查询解释规范中对应的解释				
	……	★★★★★	……	……			
单项操作	DVN系统风机切换操作	★★★	观察主控操纵员执行DVN风机切换操作≥1次，熟悉DVN风机切换操作（DVN007/008ZV）过程，形成一份观察总结报告				
	……	★★	……	……			

学员（签名＋日期）：　　　　　　　　值内对口师傅（签名＋日期）：

值长（签名＋日期）：

同时要求：

（1）学员参加模拟机课程前，五星子项完成率≥100％、四星子项完成率≥80％、三星及以下子项完成率≥60％；

（2）每个维度中的每个子项，值内应组织专人进行考核，值长签字确认学操已满足相关标准；

（3）任一五星项子项未完成、值长未签字，不能参加 MNO2 及后续的模拟机培训。培训期间将对五星子项进行重点抽查，不合格者将通报并要求制定整改措施，严重者劝退。

学员所有的学习报告、学习笔记和签字完成的《准备清单》应至少提前 7 天（各阶段理论课第一天课程之前）交到对口模拟机教员处审查，见图 2-1。在各阶段课程开课前，组织对口教员对学员提交的准备材料进行审查，确保参训学员具备必要的知识技能储备，并对待改进项进行指导和跟踪，在培训过程中实施闭环控制。

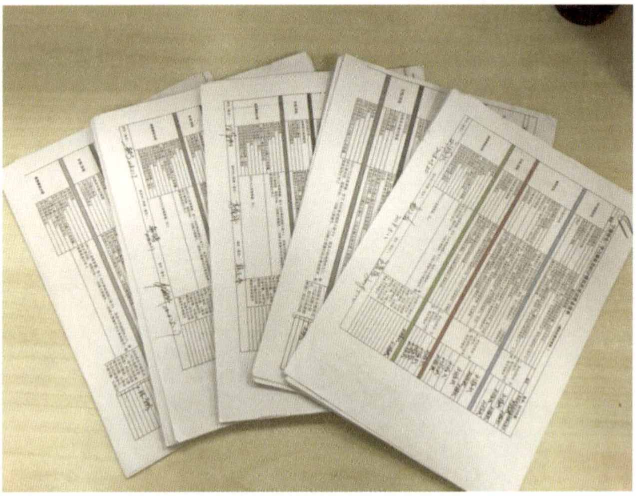

图 2-1　学习操纵员培训前准备报告

2.3.3　培训过程管控

2.3.3.1　课外辅导

执照人员培养不仅仅是课堂上授课教员与学员间知识的传授。还包括课后的交流、学习行为的跟踪、学习进展的督察、学员心理状态的了解等，这些都是人才培养需要建立起的培养途径。为此，在培训过程标准化实践中，提出课外辅导流程。主要包括：

创新学习辅导管理方式，通过模拟机教员与学员缔结“师徒关系”，建立师徒定期面谈制度，见表 2-5。

表 2-5 学员面谈记录单

<table>
<tr><th colspan="5">学员面谈记录单</th></tr>
<tr><td>学员姓名</td><td></td><td>部门/值</td><td colspan="2"></td></tr>
<tr><td>面谈地点</td><td></td><td>面谈时间</td><td colspan="2"></td></tr>
<tr><td>维度</td><td colspan="2">面谈问题</td><td colspan="2">评价</td></tr>
<tr><td>计划执行情况抽查
（以学习计划为依据进行抽查）</td><td colspan="2"></td><td>计划执行情况综合评定
（分为“完成满意”“完成待巩固”“未完成”，若评价为未完成，需通报运行培训组记录）</td><td></td></tr>
<tr><td rowspan="2">阶段知识考核
（以各阶段准备清单为依据进行考核）</td><td colspan="2" rowspan="2"></td><td colspan="2">记录阶段知识考核存在的问题
（面谈人员）</td></tr>
<tr><td colspan="2"></td></tr>
<tr><td>存在的困难 TOP3 及建议解决方案</td><td colspan="2">TOP1：
TOP2：
TOP3：</td><td colspan="2">TOP1 解决方案：
TOP2 解决方案：
TOP3 解决方案：</td></tr>
<tr><td colspan="5">面谈综合评价</td></tr>
<tr><td colspan="5"></td></tr>
<tr><td>学员签字</td><td colspan="2"></td><td>面谈人员签字</td><td></td></tr>
</table>

通过面谈掌握学员学习进展、学习效果和可能面临的问题并给出可能解

决办法。以下是20××年××月学习操纵员面谈二级分析报告。

宁德核电厂现有学习操作员共计26名（包括2名往届学员），运行一部14人，运行二部12人，将于20××年××月份参加操作员取照考试。目前24名应届学员正在参加MSOP课程培训（MSOP5阶段）。

20××年××月，各模拟机教员分别与对口学员进行了面谈。主要了解学员的学习计划执行情况、本阶段模拟机学习情况、理论复习进度、学习效果等方面。并倾听和收集学员的各项诉求，共同探讨面临的困难，寻求合理可行的解决办法。

1 学员存在的问题

通过本次面谈，共收集到学员问题56条，经过整理、归纳分析，主要集中在以下三个方面。

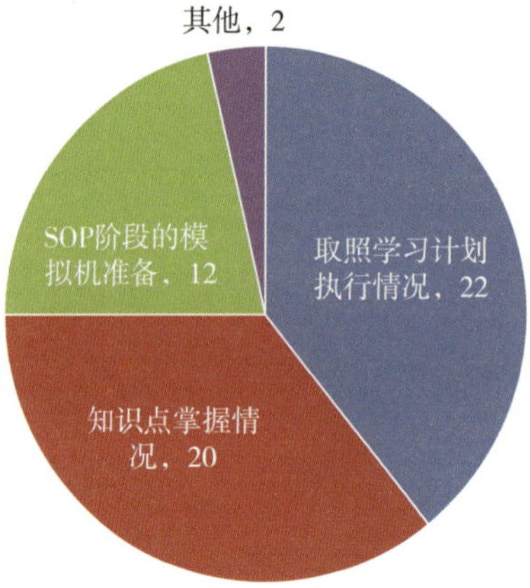

A. 问题描述：学习计划未有效执行，未按照计划执行，计划执行延后等情况。28名学员中有20名学员存在该问题。如未将353、320纳入理论复习计划、核物理热工教材尚未通读一遍、取照必读尚未完成一遍。

问题分析：学习计划过于笼统，制定计划时未考虑到实际情况，将倒班时间也列入计划，造成计划实际完不成但没有及时调整；计划的执行情况缺乏有效跟踪，长期一边执行，一边调整，计划执行严肃性不足。

建议解决方案：重新调整计划，剔除倒班时间（该部分时间作为学习零散时间利用起来），计划的安排需制定阶段性目标。

B. 问题描述：对知识点的学习未做到“滚动复习”，通过随机抽查的方式，抽查最近的学习内容，准确率偏低。

问题分析：部分学员存在“完成任务性”学习，对一些理解性的知识点并未真的理解。对记忆性的知识点，长时间不复习，按照成人记忆衰减曲线规律，长时间不“滚动复习”将完全遗忘。

建议解决方案：准备一份空白的取照必读，每天规定时间对学习内容进行滚动式复习，学员间可采取相互抽查的方式检验学习效果等方式；核物理和热工题需要每天练习，不断强化，并对容易出错的题进行标注或整理成册；建议 10 月上旬开始每天进行历年真题练习，提高答题速度及知识范围。

C. 问题描述：SOP 程序不够熟悉，准备不充分，大部分人仅停留在逻辑判据、程序走向的层面上，对程序中的控制关键点（通用 MOP、关键性操作单）不熟悉。另外对 MNO 和 MMO 阶段的知识点遗忘较多。

建议解决方案：在上机准备中，通过事故规程导则，加强对通用 MOP 和关键操作单的学习，针对某一个事故梳理出其关键控制参数，对通用 MOP（比如 RCV 配置、PZR 水位控制、压力控制要能画出简要框图）；对 MNO 和 MMO 阶段的弱项要利用空余时间到 4S 或 CRS 加强练习，不能仅寄期望于 M8 和强化练习阶段。

2　学员反馈的问题

通过本次面谈，共收集到学员反馈问题 59 条，经过整理、归纳分析，主要集中在以下三个方面。

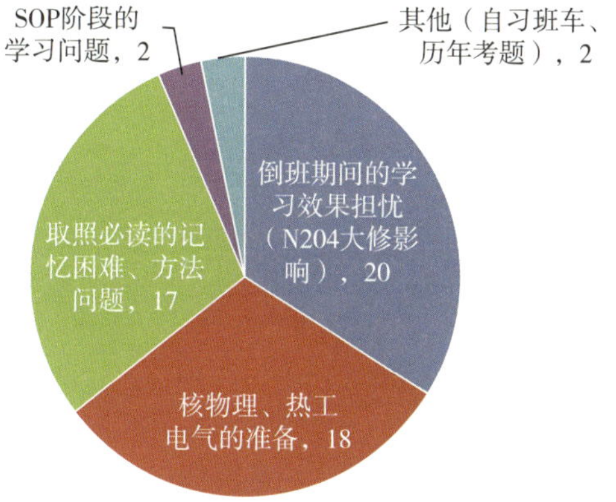

A. 倒班期间的学习效果差、上班期间无法背书。

建议解决方案：正视自身的岗位角色，学习操纵员本身的首要角色是运行值的一员，上班期间应认真上班，不能将上班和学习混为一谈，所以在制定学习计划时应剔除倒班时间，高效利用完整的休息时间，合理利用倒班间隙时间（如第二个中班上午、早班晚上）。

B. 核物理和热工自学难度大、特别是非核专业和非热动专业的人员，学习起来较为困难。

建议解决方案：不能寄期望于核物理和热动的强化培训就能满足取照考试的要求，首先要自己通读2～3遍核物理和热工教材，对于不易理解的知识点可以通过“学员微信群”抛出问题讨论、请教相关专业的其他学员、请教理论教员答疑解惑。另外，大家可以向所在部门培训组反馈，若大部分学员都由类似的需求，可请培训组统一反馈，申请开设相关课程解决。

C. 取照必读记忆困难、前几天刚背的知识点不到一周就遗忘了。

建议解决方案：这是大部分人记忆的规律，大家不用过于着急，知识点记忆需要不断重复，建议准备一份空白版取照必读，每天花一定时间去复习之前背诵的内容，不断的滚动记忆。

3　总结

通过此次面谈分析可以看出，目前大部分学员所面临的主要问题主要是学习计划执行度不够和学习交流不足的问题。

·计划执行较差，无专人跟踪，依赖于学员自身的自觉性，主观能动性。这样容易造成部分学员后期掉队、无法再追赶上的情况，需要值内对口师傅和培训组跟踪各学员的计划执行情况，及时鞭策、提醒。

·理论的复习首先要保证有足够的时间，复习过程中切勿闭门造车，多和其他学员交流学习方法和心得，能起到事半功倍的效果。

搭建学员知识交流、讨论和分享的快速沟通平台，创建学习交流微信（钉钉）群等方式，随时掌握学员学习动态。根据授课计划安排每天的值班教员负责在微信平台中引导学员积极、活跃地讨论、分享知识点，促进全体学员技能提升。

2.3.3.2 值内对口师傅的培训观察

前面我们提到，每一位学员都将由值内安排一名持照人员、由培训部安排一名模拟机教员作为该学员在取照培训期间的对口师傅。值内的对口师傅将站在实际生产运用的角度，评估学员的培训效果，形成生产-培训良性互动。要求每期次模拟机初训课程，学员所在运行值持照人员至少参加一次教学观察并形成观察报告，以敦促学员持续改进，见表 2-6。

表 2-6 学员模拟机培训观察记录表

一、模拟机上机课程观察记录表						
任课教员						
课程名称						
观察时段						
观察项			是	待改进	否	不适用
	1	辅助教学设施（白版/麦克风等）是否处于良好可用状态？				
	2	学员着装是否符合规定				
	3	学员是否准时进入教学现场？				
学员行为及技能	监控电厂	学员在模拟机演练中及时报警响应？				
		学员在模拟机演练中定期有效巡盘？				
		学员在模拟机演练中严格遵守运行技术规范				
		学员对机组上异常情况的敏感度				
	控制电厂	学员在模拟机演练中严格执行规程？				
		学员干预前是否预期受影响的参数				
		学员是否掌握正确的干预方法				
		学员是否具备定性和定量分析问题的能力				
	保守态度	协调员是否将核安全置于工作首位？				
		值长、安工充分起到安全屏障作用？				
		学员是否分析执行操作的潜在后果				
		在信息不明确时操纵员的行动是否保守				

续表

学员行为及技能	团队合作	学员都能在模拟机演练中找准自己的角色？				
		协调员在团队中充分起到协调、组织、决策作用？				
		团队在事故处理中能紧张有序、团结协作控制机组？				
		团队在模拟机演练中能合理寻求外部支持？				
	基础知识	学员能正确理解各种物理现象				
		学员清楚各个系统的设计准则				
		学员清楚各系统之间的相互联系和影响				
		学员在模拟机演练中严格执行行为规范				
二、模拟机观察分析总结						
1. 良好实践						
2. 存在不足						
3. 改进建议						
4. 其他关注点						
观察人员签字：			日期：			

注：本表格适用于模拟机培训课程的观察

2.3.3.3 理论学习自习室辅导制度

建立并固化学员取照笔试准备制度。为学员取照备考提供自习室，建立自习考勤机制、安排教员每日到自习室进行理论知识辅导，见表 2-7。既能随时掌握学员的学习计划执行情况，也能在必要情况下对重难点知识进行系统性讲解，及时消除学员知识盲点。

表 2-7 考前辅导记录表

<table>
<tr><td colspan="3">考前辅导记录表</td></tr>
<tr><td>日期：</td><td>地点：</td><td>督查人员：</td></tr>
<tr><td colspan="3">学员出勤情况：全勤 □ 缺勤 □ 缺勤人员：</td></tr>
<tr><td rowspan="2">考查问题</td><td>问题</td><td>回答情况</td></tr>
<tr><td></td><td></td></tr>
<tr><td>存在的主要问题</td><td colspan="2"></td></tr>
<tr><td>良好实践</td><td colspan="2"></td></tr>
</table>

2.3.4 模拟考试制度

模拟考试是检验学员学习计划执行情况和知识掌握情况的有效手段。在以往的执照人员培养中并未有效利用该工具。模拟考试次数过少，将不能有效评估学员的学习进展，而模拟机考试次数过多又会打乱其学习计划，出现疲于应付模拟考试的情况。经过实践表明：在整个培训周期内组织三次模拟考试较为合适。

第一次模拟考试安排在取照考试前 6 个月进行。目的是对学员的知识储备情况进行初步的摸底，便于对口师傅和学员重新审视学习计划的可执行性，必要情况下及时进行调整。

第二次模拟考试安排在取照考试前 3 个月进行。目的是敦促学员梳理学习计划完成情况，并再次检验学习效果。

第三次模拟考试安排在取照考试前 1 个月进行。目的是掌握学员的学习成果，是否具备参加取照考试的能力。

模拟考试试题编制由专人负责，模拟考试试题编制遵守以下原则：

（1）模拟笔试逐渐增加试题数量，以增加学员的时间管理能力和考试毅力；

（2）可以选择前一次考试中使用过的试题；

（3）纳入上一次考试中错误率较高的试题；

（4）及时分析和跟踪考试结果、确定个性和共性问题。

模拟考试结束后，应及时对考试结果进行二次数据分析（见图 2-4），找出学员的共性弱项，必要情况下需同学员一起重新审视模拟试卷。

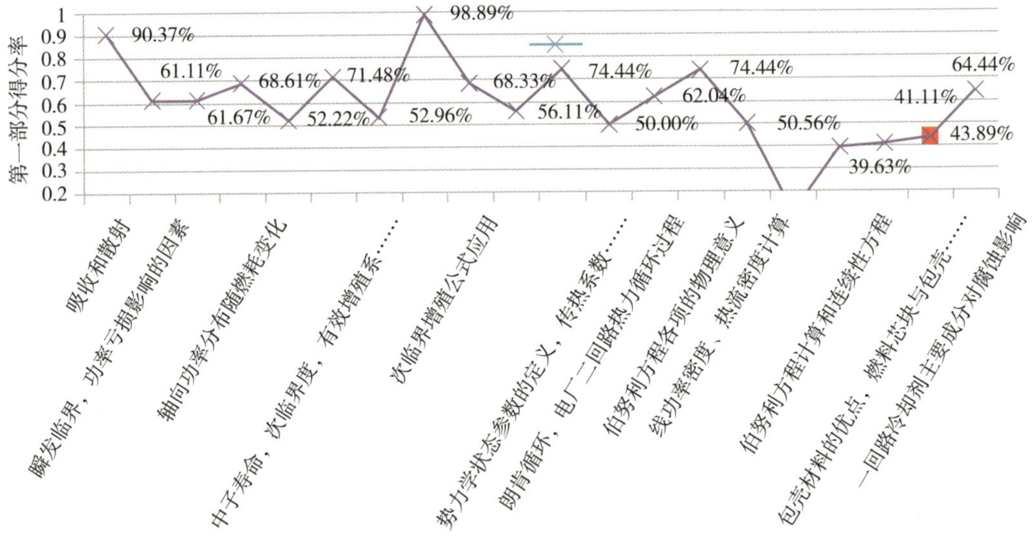

图 2-4　定期模拟考试二次分析

2.3.5　培训后的评估

培训后的评估包括两个方面：对项目实施过程的绩效评估和学员的在岗评估。

2.3.5.1　培训过程绩效评估

培训过程绩效评估只要是对执照人员培养管理的评估，包括三个一级维度，分别是课程管理（Management）、学员辅导（Tutorial）和教学活动（Implement），以及十个二级维度的评估。每一项维度都设置对应的监控指标进行过程监控和统计。

表 2-8 执照人员培养管理指标

执照人员培养管理指标（MTI）

一级维度	二级维度	解释	输入	输出	监控指标	过程目标	最终目标
课程管理（Management）	教学文件管理	主要包括：教案、教员手册、学员手册，辅助教学 PPT、课前测试试卷、学员评价单等教学文件偏差项、优化项、建议项处理	所有教员在初训课程授课期间、教学标准化交流分享会上或评估组成员在教学评估期间发现的涉及教学文件质量的问题	对应课程协调人	所有偏差项应在下一次授课前 & 两周内完成整改		2019 年取照考试通过率≥85%
	阶段考试试题管理	负责相关课程考试试题库的建立、跟踪维护和偏差项处理	阶段考试操盘教员或考官在考试期间发现的偏差项	对应课程协调人	所有偏差项应在下一次授课前 & 两周内完成整改		
	阶段考试组织	负责相关课程阶段考试的组织。包括考官的协调、试题打印、抽签表的制作、试题封印、考试情况总结和二级分析	从计划组获得本阶段教员及课程计划安排	计划组 经验反馈组	1. 考试安排应在考试前三天发布考试通知； 2. 阶段考试情况二级分析应在阶段考试全部结束后 5 个工作日完成编写并发经验反馈组		

续表

执照人员培养管理指标（MTI）							
课程管理（Management）	课程教学标准化建设	课程开始前，组织相关授课教员进行课程教学经验分享； 课程结束后，组织相关授课教员进行总结分享； 收集整理分享会成果，形成初训组培训经验反馈	从计划组获得本阶段教员及课程计划安排； 评估组； 经验反馈组	经验反馈组	1. 每个阶段课程开始前和课程结束后都应组织各至少1次教学交流分享； 2. 交流分享成果于会后5个工作日反馈培训经验反馈；涉及教学文件修改的，按照其监控指标完成		2019年取照考试通过率≥85%
学员辅导（Tutorial）	学员预习报告管理	负责敦促学员按时提交课程预习报告，并分派对口教员审查，收集教员审查意见，进行二级分析	当期学员	运行部门培训组、培训经验反馈、计划组、评估组	1. 学员应在各阶段培训前提交预习报告（如MNO预习报告应在开始MNO1课程前完成提交）； 2. 对口教员应在收到报告后两周内完成报告审查并给出审查意见； 3. 学员各阶段预习报告审查意见二级分析应在对口教员审查结束后5个工作日完成编写并发经验反馈组	1. 每位学习RO提交3份预习报告清单；每位学习SRO提交1份预习报告清单； 2. 每位学习RO面单记录6份；每位学习SRO面谈记录2份； 3. 大考前两个月开始，每个学员自习时间不少于2.5H； 4. 20××年能力弱项督办单按时关闭率达96%； 5. 每位教员在学员群引导讨论时间≥35H； 6. 每位教员对学员的集中辅导≥5天	

续表

执照人员培养管理指标（MTI）							
学员辅导（Tutorial）	学员面谈	在每个阶段培训前后，都应安排教员对学员进行面谈，并收集整理面谈记录单，对学员的计划执行情况、存在的弱项和困难进行归纳并做二级分析	从计划组获得本阶段教员及课程计划安排	经验反馈组 初训组	1. 每个阶段课程开始前、后都应组织至少1次学员面谈； 2. 面谈情况二级分析报告于面谈结束后5个工作日反馈培训经验反馈	1. 每位学习RO提交3份预习报告清单；每位学习SRO提交1份预习报告清单； 2. 每位学习RO面单记录6份；每位学习SRO面谈记录2份； 3. 大考前两个月开始，每个学员自习时间不少于2.5H； 4. 20××年能力弱项督办单按时关闭率达96%； 5. 每位教员在学员群引导讨论时间≥35H； 6. 每位教员对学员的集中辅导≥5天	2019年取照考试通过率≥85%
	学员能力弱项督办单跟踪	负责收集、管理、跟踪课程开课期间，产生的学员能力弱项督办单。并在督办期限内敦促各对口教员完成督办单的关闭，并将关闭的督办单汇总整理后交文员存档，并进行二级分析，可与学员面谈二级分析合并。	从计划组获得本阶段教员及课程计划安排 授课教员、评估组、考核组	经验反馈组	每个月至少完成1份学员弱项二级分析报告，每个月第一周完成报告提交经验反馈组		
	学员交流群管理及学员辅导	1. 课程开课期间，作为“取照考试交流总群”管理员； 2. 负责选聘课程班主任，报教研室主任备案； 3. 协助课程班主任积极引导学员参与讨论，布置学习任务等工作； 4. 根据培训计划，安排并敦促值班教员参与学操讨论和学员辅导； 5. 收集学员思想动态、共性的困难	从计划组获得本阶段教员及课程计划安排 评估组 经验反馈组 考核组	培训经验反馈、碎片化学习负责人、现场对标负责人、模拟机测试组相关人员、评估组	1. 凡有初训课程的工作周都应由值班教员引导学员讨论； 2. 学员按时完整教员布置的学习任务和反馈		

续表

执照人员培养管理指标（MTI）							
教学活动（Implement）	教学评估整改行动落实	负责落实评估组或经验反馈组安排的整改行动项	评估组、经验反馈组	评估组、经验反馈组、课程协调人	按时完成整改任务督办项	20××年授课满意度≥8.5分	2019年取照考试通过率≥85%
	授课满意度	学员对该阶段课程教员的授课满意度。对满意度低于8.5分的教员，课程协调人应调查不满意满意，约谈对应授课教员	学员评价反馈表	经验反馈组、能力提升组、培训经验反馈、现场对标	1. 学员满意度应≥8.5分； 2. 对当期授课满意度＜8.5分的授课教员进行面谈		

2.3.5.2 学员在岗行为评估

学员的在岗行为评估为持续性工作。通常安排在学员取得反应堆操纵员执照回到工作岗位后进行。评估教员将在实际工作岗位中对学员的知识、技能和态度进行评估。并将评估的结果反馈给对应的课程负责人，以便于对课程内容和结构持续性改进。

2.4 执照人员培养标准化建设成果

2.4.1 执照人员培养实施细则的落地

通过标准化的建设，总结良好经验，编写出中广核集团内第一份执照人员培养实施细则：《宁德核电厂执照人员培养实施细则》。该细则从学习（高级）操纵员资质审查、选拔、培养流程、准备前的准备、培训过程管控和培训后评价进行了系统性地规范，将标准化落实为可执行的制度。

2.4.2 提高了取照考试通过率

截至 2020 年，宁德核电执照考试通过率连续三年全国第一，参见图 2-5。宁德核电的执照人员培养标准化实施细则已向超过 5 家电厂输出。为公司实际发展需求，特别是为宁德核电二期项目及向苍南核电的执照人员分流提供足够的人才储备。

2.4.3 标准化建设获得公司表彰

执照人员培养标准化实践作为宁德核电优秀培训管理经验素材参与福建省政府质量奖评审。2018 年获得福建宁德核电有限公司“最佳培训项目”表彰。

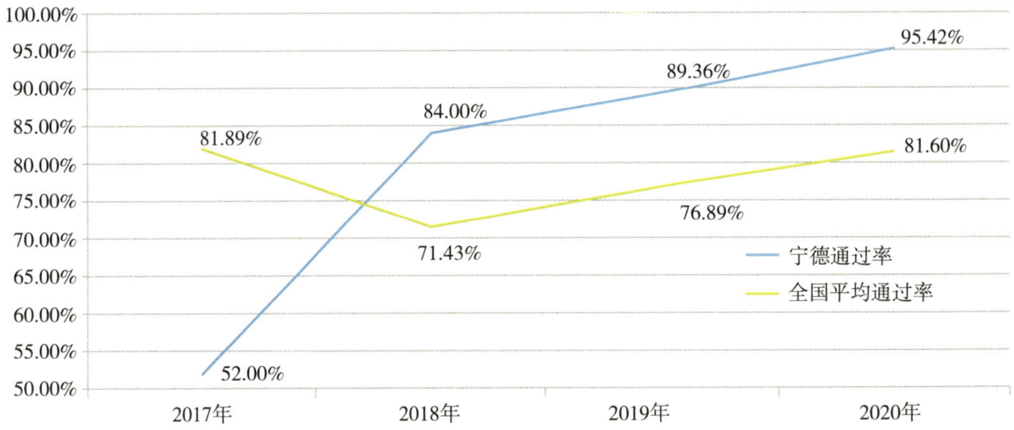

图 2-5　宁德核电取照考试通过率

第三章　维修技术人员培养

3.1　概　述

保证核电厂安全可靠运行和检修的重要条件之一，是要有足够的能胜任工作的人员。电厂维修技术人员的性质决定了要以专业活动为导向，以实际工作岗的需要为依据，并密切联系维修活动的实际，以实际生产和管理部门需要的技能和技术为主要内容。不仅要注重维修人员知道什么，更要注重能干什么。因此，在这个导向下的培养出来的人员具备较强的实际操作能力，才能解决具体工作中面临的各种复杂的问题，真正符合实际工作岗位的需要。

3.2　维修技术特点

维修人员技能分为两个方面：一个是知识，一个是技能。知识可以在课堂上进行讲授、灌输或自学，而技能一定要在具体的工作实践中或模拟条件下的实际操作中进行训练和培养。知识学习是技能养成的基础，但决不能代替技能的训练，熟练的技能一定要在长期不断的练习和实践中才能获得。

维修技能一旦掌握一般不易忘记，但是高水平的技能需要在有意识的实践和培训中，经过反复的训练，才能巩固和提高。决定维修技能水平高低的主要因素有以下几点：一是决定于该项技能中所包含的智能成分的比例大小；二是决定于该项技能所使用工具或手段的复杂程度、技术含量和复合性成分；三是决定于掌握该项技能的难易程度。一般来说，某种技能水平的等级越高，其工作的职责和服务范围越大，其控制的系统或工具越复杂、对员工的智力和工作经验的要求越高，同时，也需要更加严格的培训和长期的实践训练。

3.3 维修技术人员培养体系

3.3.1 总体流程

为了使新员工快速融入公司，了解公司环境、制度，认同企业文化，尽快进入岗位角色，以及配合员工职业发展规划，公司制定了明确的发展流程。以维修某部为例，结合实际工作角色定义了人才培养路径，包括“技术＋管理”两条线，清晰了人员发展路径及要求，详见图 3-1。

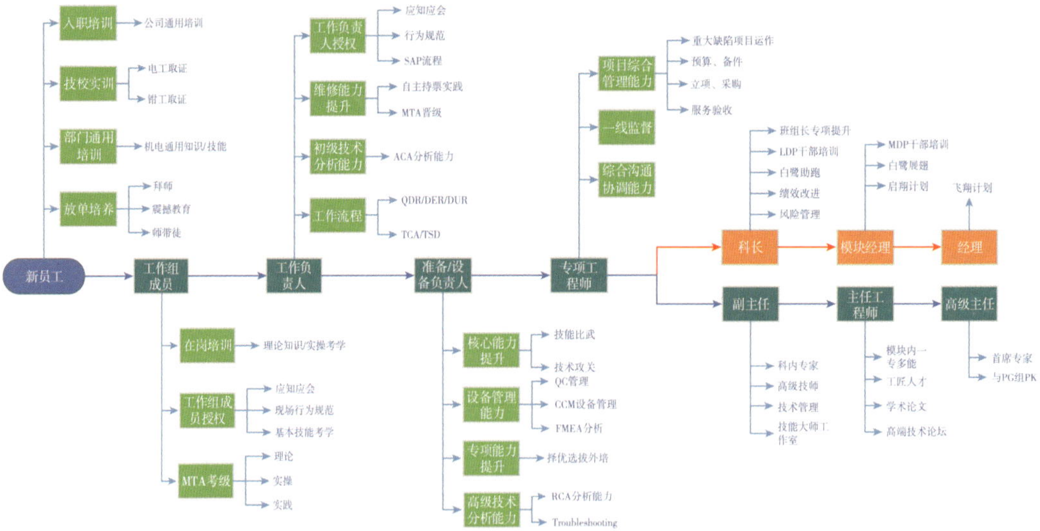

图 3-1 人才培养路径

3.3.2 培训/考核/授权

3.3.2.1 新员工培训

（1）入职培训：目的是让新员工了解宁德核电的组织机构、管理制度、企业文化、各部门的业务流程以及新员工的职业规划等，帮助学员理解和熟悉公司的概况、理念、规划、要求和各种度，参见图 3-2。

（2）中广核党校（管理培训中心）网络课程培训：目的是让新员工了解中广核集团的组织机构、企业文化及相关制度等。

（3）基本安全授权培训目的：是让新员工在培训期间，尽快完成基本安全授权培训，并获得基本安全授权，以便能进入现场独立开展工作。

（4）白鹭转型课程培训：目的是让新员工了解集团的发展历程及各项管理制度，帮助新员工尽快完成角色转变，适应公司氛围，融入公司文化。

（5）工作负责人授权培训：目的是让新员工工作一年后尽快取得相关工作负责人授权。

（6）岗位技术授权培训：目的是让新员工六个月试用期结束后取得相关岗位技术授权以满足人资聘岗要求。

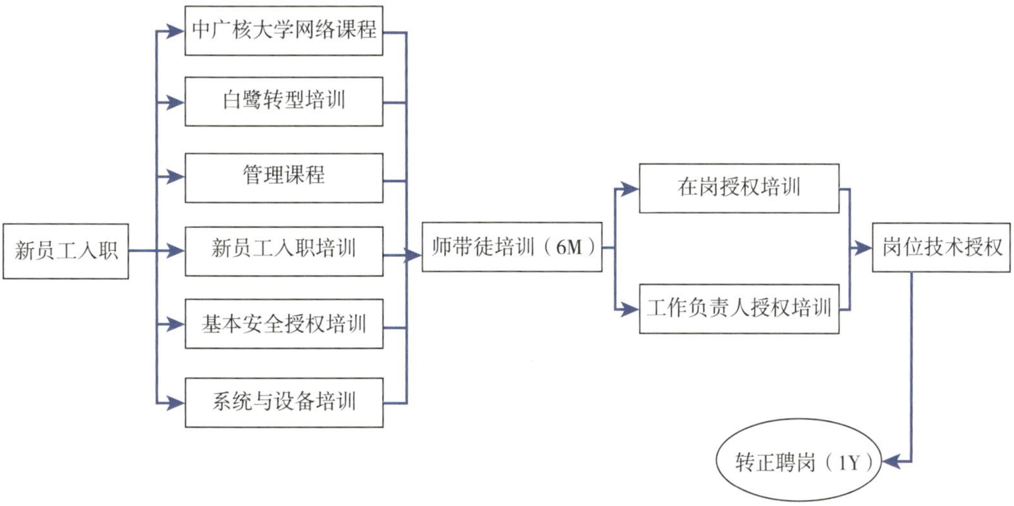

图 3-2 新员工入职培训内容

3.3.2.2 师带徒培训（在岗培训）

师徒制在我国由来已久，即老师傅带领学徒进行学习、工作、生活，使新员工更好、更快地融入工作当中的一种方式，是新员工掌握技能的重要途径。通过师傅的带领，尽快掌握自身岗位需要的技术能力，学习更多的工作和社会经验，缓解初入公司面临的各种压力和困惑，对其更好地融入部门有着巨大的帮助。

（1）新员工指定培训导师

新员工入职后，由本部门指定相应的培训导师，并在新员工到岗后向培训部提交导师资格申请。在导师资格由培训部审核通过后，新员工与培训导师需签订《培训导师与学员职责协议》，以及《培训任务及指导单》。

（2）培训期间要求

新员工在导师带徒弟的培训期内，定期提交一份培训报告，并接受考核。

（3）考核实施

从培训开始日算起，每 30 个日历日进行一次考核。每次考核均应组织考核小组，小组成员应包括但不限于部门培训工程师、培训导师、专业技术人员、部门管理人员。考核内容应包括但不限于《培训任务及指导单》的内容。考核方式一般以口试为主，也可采取笔试等其他可衡量评价方式。

综合考核实施：培训期结束，需对新员工进行综合考核，并由培训工程师结合每月的月度考核情况对学员培训期内的总体表现进行综合评价，并填写《综合考核鉴定单》。

3.3.2.3 单项技能授权（MTA）

维修人员培训及技术授权体系（简称 MTA），该体系以维修技术授权为目标，以维修技能培训为核心，通过引导人员多种方式学习，严格考核控制培训质量，实现了维修人员批量培养，并有效控制了人员培养质量。

（1）工作种类分级和单项技能培训任务书

工作种类分级是MTA工作中的第一步，也是MTA体系的基础，它要求对所有维修工作进行研究和分析，确定各专业的主要的工作种类并进行合理的分级，目前各种类依据技术难度和风险因素分别分为初、中、高级。

单项维修技能培训任务书是员工培训的依据，是提供给员工的指导和要求，培训任务书的质量直接关系着员工培训的效果，为了提高培训任务书的质量和可执行性，编制过程中对培训任务书中各项内容的编写都制定了详细的要求。在使用期间，经过自我评估的方式，对培训任务书的质量进行评估完善。

（2）培训计划制定和实施方式

职业生涯规划是对员工的发展制定的中长期培训计划，其内容涵盖员工3～5年的发展方向和培训内容。

年度培训计划中对各项培训任务分别确定培训对口人或是培训指导，确定员工培训的方向和具体的任务。

培训计划制定后，通过多样化的实施方式来落实培训任务，其中理论培训主要有部门组织的技能基础课程、各科室组织的在岗专项培训，训练部分有技能训练中心的实操训练和现场组织的训练练习。实践部分则是直接进入维修现场，在师傅指导、带领下，实际进入工作角色。除了这些专项培训的方式，还可以结合日常工作，在师傅的帮助下进行自学提高。

（3）培训考核和单项维修技术授权

培训考核不仅是对培训结果的真实评价，也是培训的导向，考核的严格与客观可以给员工培训的正确导向。所有单项维修技能都必须要经过相应的考核才能够取得授权。

考核的方式针对培训任务书中的三个模块，制定了不同的考核评价方式。

理论考核：采用闭卷笔试，各专业根据单项维修技能培训任务书的要求，建立单项技能的理论考试题库，考试时通过试题库系统生成试卷。

工作实践：采用能力验证的方式，即所有实践的内容必须由相应的现场工作作为验证，员工现场的工作评价由工作负责人或是直接主管从工作质量、工作态度和安全行为三个方面进行评价，判断单项工作是否合格，同时现场实践工作的次数必须满足培训任务书的要求。

实操考核部分：采用实操的方式，主要是通过技能训练中的实操或是其他实操方式来验证。

综合评价：采用综合性面试，面试内容由考核小组负责，员工的回答情况评价最终结果。

依托维修考委会，培训考核通过后，经审批、由部门经理签发授权单项维修技术授权证书。

（4）维修考委会

目的：为规范维修领域技能培训与授权管理，最大限度采用 SAT 方法，并通过 MTA 技能培训及岗位实践，获得并保持足够的专业知识、维修技能和良好的工作习惯，使维修人员培训与再培训及授权管理规范化，以及为了保证考核过程的独立性和严肃性。

组织机构：考委会设一名主席、三名副主席，维修各部门经理（及副经理）担任委员，维修培训推进者，内部备案考官，见图 3-3，外部备案考官。考委会负责考官资格认定、仲裁考核过程中的争议及批准授权。

考委会运作：

·根据年度授权考评计划启动开委会会议，每半年一次。

·会议由考评小组秘书负责召集准备，需提前一周列入工作计划。

·会议由主席（或其授权人）主持，考委会委员需 2/3 成员出席，不得代替，特殊情况需向主席请假，会上对授权考试情况、人员资格认定及培训授权相关的行动进行评议，会议表决达到半数以上才能通过。

·考评小组会议纪要及行动项由考委会秘书编写和跟踪，维修培训执行小组负责落实。

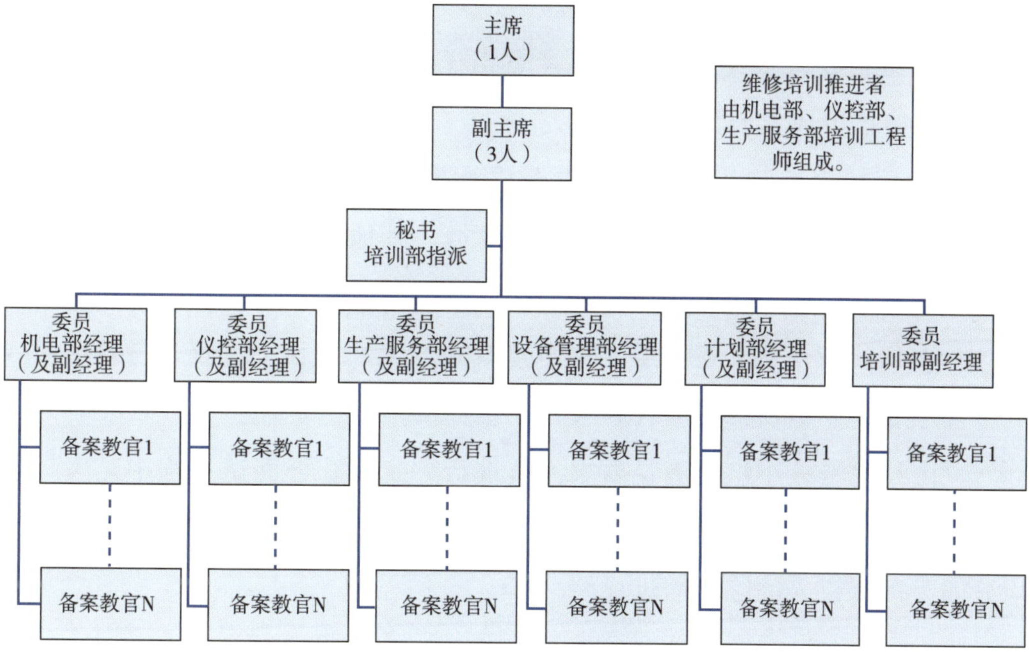

图 3-3 考委会组织机构

考核小组成员要求如下。

· 初级授权考核：由一名备案考官担任主考官，由主考官确定考核小组成员。

· 中级授权考核：由一名考委会成员担任主考官，由考委会秘书指派一名非本部门的备案考官担任考核小组成员，其他成员由主考官指定。

· 高级授权考核：考委会主席（或其授权人）担任主考官，考核小组成员包含考委会委员及（内、外部）备案考官。

技术考核规定：包括细化理论考核、实操考核、综合面试管理规定，下面以综合面试规定为例。

· 笔试及实操考核通过的人员可以申请综合面试考核。

· 综合面试考核题由考官自行出题。

· 面试考核由培训部负责协调开展，包括面试场地、协调考官及成绩汇总，并在面试考核完成后填写单项技术授权《综合面试评定表》（百分制），连同综合面试考核单一并交培训部进行统计及存档。

·综合面试考核小组成员要求。

a. 初级授权考核：由一名备案考官担任主考官，由主考官确定考核小组成员，考核小组成员不低于3人。

b. 中级授权考核：由一名考委会成员担任主考官，由考委会秘书指派一名非本部门的备案考官担任考核小组成员，其他成员由主考官指定，考核小组成员不低于3人。

c. 高级授权考核：考委会主席（或其授权人）担任主考官，考核小组成员包含考委会委员及备案考官，考核小组成员不低于5人。

·由技术考核小组对满足要求人员进行评定，综合面试过程中，考评委成员根据综合面试考核单依次提问，并根据被授权人回答情况进行打分，平均分即为被授权人的综合面试成绩。

第四章　管理人员培养

4.1　培养体系的搭建

4.1.1　需求分析

需求来源有以下四个方面：

（1）行业法规与标准

包括 HAD103《核动力厂人员的招聘、培训和授权》，IAEA《国际原子能机构技术报告丛书第 380 号》，IAEA《安全领导和管理》，WANO PL 2019-01《核电领导力有效性特征》，WANO GL 2020-01《培养有效的核领导人》，INPO 20-005《领导力与能力培养》等。

（2）组织战略要求

包括集团或公司总体战略及年度重点工作计划、深化改革要求等。

（3）管理期望

包括公司每年对中基层在任管理干部的培训需求调研结果和人才盘点对后备基层人才的调研及评价。

（4）其他

包括党对加强干部培养的要求，公司及上级单位关于干部培养的政策、制度，对标、评估改进措施等。

对需求进行整理分析后，可以得到领导力培训体系静态需求和动态需求。

a. 静态需求

通过文档分析，解读行业法规、标准、政策文件和任职资格，梳理出通用能力项，并对每个能力项的关键行为进行分析，搭建核电中基层管理干部胜任力模型。以宁德核电为例，见图 4-1 和表 4-1。

图 4-1 领导力的五大核心能力

表 4-1 “共启卓越愿景”的能力细节

能力维度	能力项	含义	关键行为	所需关键知识及技能
共启卓越愿景	1. 核安全文化素养	明确核电安全方面的知识和现行管理制度，认识到核电的特殊性和核安全的重要性，把安全当作日常活动的一个主要目标，认可安全重于生产需要，并将该理念贯穿于工作行为当中	1. 知道所在核电厂堆型的反应堆安全理论，如核电站系统与设备、反应堆物理	①核电站系统与设备 ②反应堆物理
			2. 熟悉职业安全要求，包括辐射防护、工业安全、消防条例和原则	①辐射防护 ②工业安全 ③消防
			3. 对所有有关的核管理法规、标准和执行文件有透彻的理解，包括熟悉所在核电厂的规定和要求	①核安全法 ② WANO，INPO，IAEA 等行业规定
			4. 熟悉应急规程、应急准备	①应急响应 ②严重事故管理导则
			5. 熟悉运行经验反馈和电厂一般/经常发生事件的根本原因分析	①经验反馈 ②根本原因分析
			6. 熟悉质保体系和原则	①质量保证与质量控制 ②卓越绩效相关知识

续表

能力维度	能力项	含义	关键行为	所需关键知识及技能
共启卓越愿景	2. 愿景领导	让组织愿景及价值观成为员工决策及行动的标杆	1. 传达愿景与价值观的重要性——帮助员工、承包商和合作伙伴了解组织的愿景与价值观及其重要性	①战略分解 ②愿景传达
			2. 推动他人行动——将组织的愿景及价值观转化为具体的目标和行为，融入日常工作；指导并激励他人采取行动、以支持愿景及价值观	①目标与计划管理 ②流程管理
			3. 示范愿景及价值观——通过言行展现对于愿景和战略的充分承诺，让行动、决策、团队目标及优先顺序反映出组织的愿景及价值观	公司战略宣讲

b. 动态需求

结合战略发展要求、管理期望、对标评估改进建议，通过访谈、观察，分析不同层级/不同领域管理干部除通用胜任力之外的领导力现状、绩效差距，持续跟踪和评估领导力改进情况，绘制领导力动态曲线图，参见图 4-2。

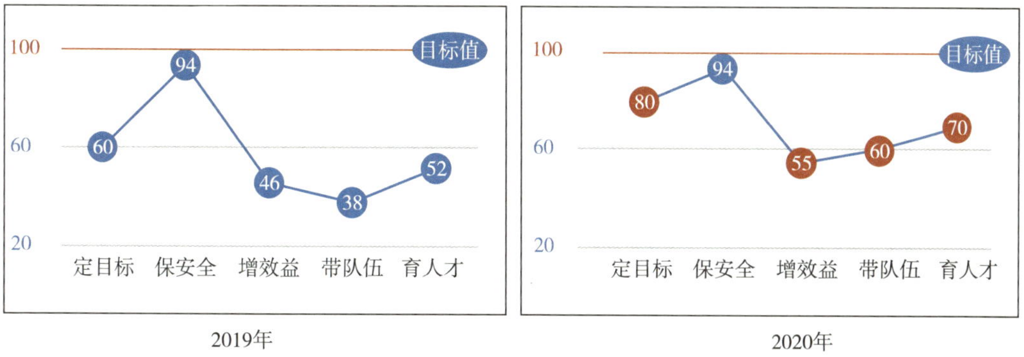

图 4-2　领导力动态曲线图

4.1.2 方案设计

方案设计分为三个部分，分别是绘制培养路径、绘制学习地图、师资资源开发。

（1）绘制培养路径

结合公司人力资源政策，绘制员工培养路径，明确各类型各层级人才的发展方向，见图 4-3。

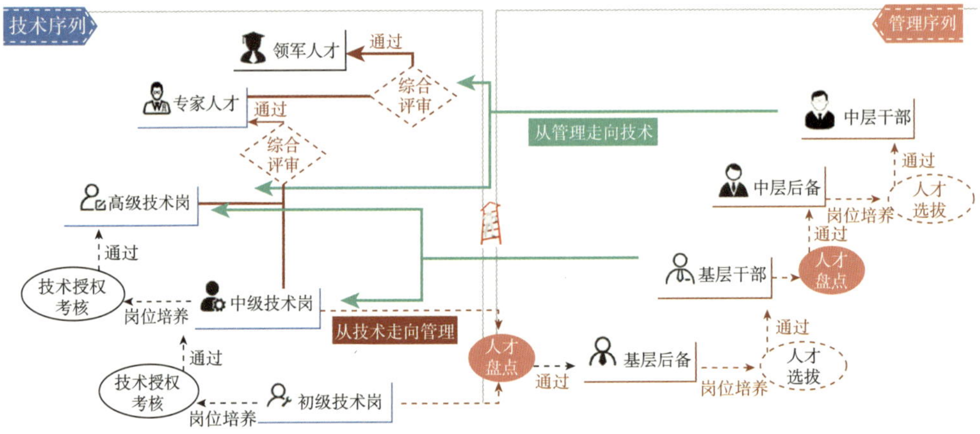

图 4-3 员工培养路径

（2）绘制学习地图

此外，结合前期需求分析结果，绘制领导力学习地图，明确关键能力所表现出的关键行为，以及达到这些行为标准需要具备何种知识、技能，从而设计具有针对性的培养项目。以下以宁德核电为例，见表 4-2。

表 4-2 宁德核电基于静态需求的学习地图

能力维度	能力项	关键行为	所需关键知识及技能	学习主题	培训方式	学习要求
共启卓越愿景	1. 核安全文化素养	1. 知道所在核电厂堆型的反应堆安全理论	①核电站系统与设备 ②反应堆物理	《核电站系统概论》 《核反应堆物理》	集中面授	运行、维修、技术、辐射防护、培训领域管理者必修，其余选修

续表

能力维度	能力项	关键行为	所需关键知识及技能	学习主题	培训方式	学习要求
共启卓越愿景	1. 核安全文化素养	2. 熟悉职业安全要求，包括辐射防护、工业安全、消防条例和原则	①辐射防护 ②工业安全 ③消防	《管理人员基本安全复训》 《核电安全领导力培训》	集中面授/网络培训	必修
		3. 对所有有关的核管理法规、标准和执行文件有透彻的理解，包括熟悉所在核电厂的规定和要求	①核安全法 ② WANO，INPO，IAEA等行业规定	《核安全法规》 《行业文件学习》	集中面授/自学	必修＋选修
		4. 熟悉应急规程、应急准备	①熟悉应急规程 ②明确应急准备	《应急响应》 《应急启动与响应培训》 《严重事故管理导则》	集中面授/网络培训	运行领域及应急授权管理者必修，其余选修
		5. 熟悉运行经验反馈和电厂一般/经常发生事件的根本原因分析	①经验反馈 ②根本原因分析	《管理人员根本原因分析》 《安全文化震撼教育》 《经验反馈》	集中面授	必修
		6. 熟悉质保体系和原则	①质量保证与质量控制 ②卓越绩效相关知识	《管理人员质保体系培训》 《卓越绩效评价准则》	集中面授	必修
	2. 愿景领导	1. 传达愿景与价值观的重要性	①战略分解 ②愿景传达	《战略分解与执行》 《愿景领导》	MDP/LDP培训	选修
		2. 推动他人行动	①目标与计划管理 ②流程管理	《团队目标与计划管理》 《流程管理》	MDP/LDP培训 白鹭助跑培训	选修
		3. 示范愿景及价值观	公司战略宣讲	《公司企业文化培训》	MDP/LDP培训	选修

(3) 师资资源开发

①内部讲师

内部讲师通常包括公司内部高管和专兼职教员。其中高管在领导力发展项目中，主要担任安全文化课程讲师、行动学习 sponsor、干部轮岗实习导师，并出席管理沙龙等活动。教员主要负责专项课程内化与讲授、专项课程开发、行动学习促动师、经验萃取。内部师资的培养和认证见图 4-4。

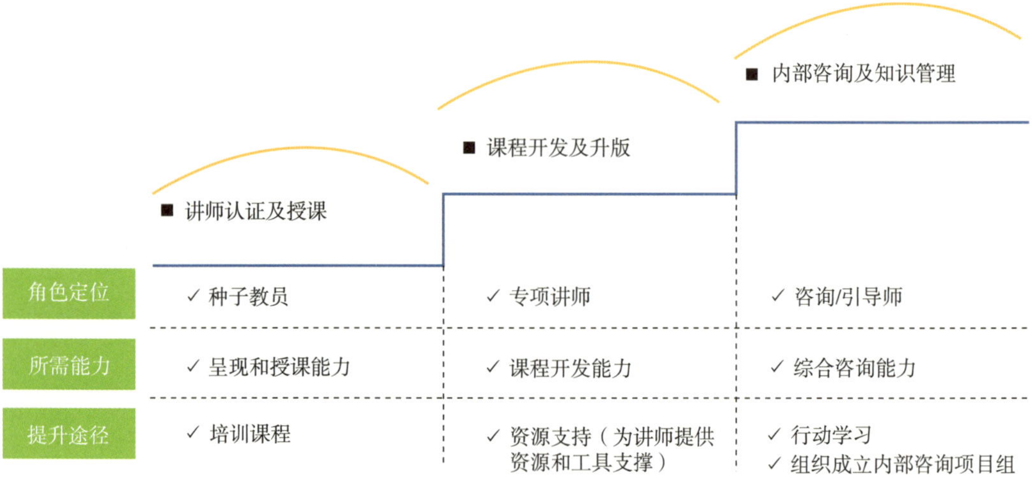

图 4-4　内部师资的培养和认证

②外部讲师

外部讲师通常是行业专家，通常负责系统讲授新知识，拓宽视野和思路，教授新学习/管理工具，分享行业经验等。

4.1.3　培训实施

培训实施主要分为四个部分，即训前的学习、训中的学习、训后的学习、考核与结业，见图 4-5。一般而言，这四部分要均衡发力、不可偏废，实现全流程管理。

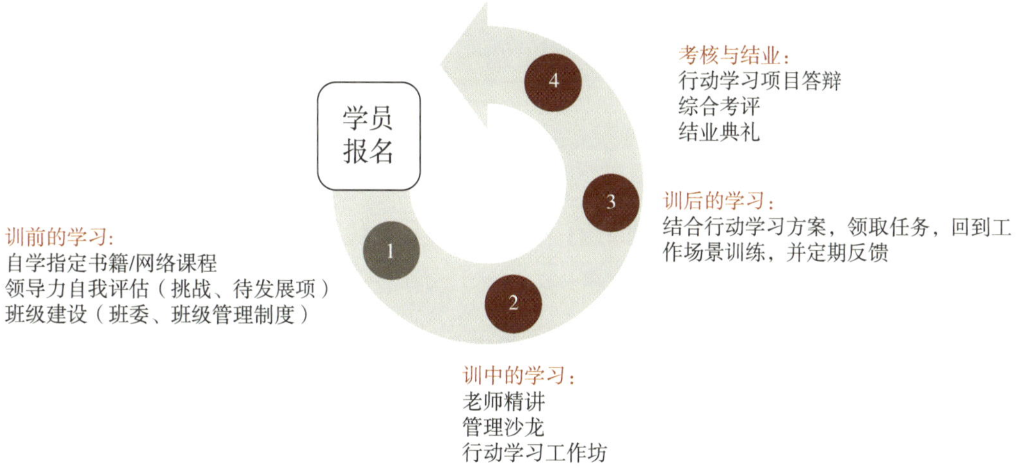

图 4-5

4.1.4 培训评估

业界通用的“柯氏四级评估模型”同样也适用于领导力培训评估。为了实现行为和业务结果层级的转变，做以终为始的培训，需要在培训开始之初就要梳理并构建“培训价值证据链”，即通过需求分析、方案设计、教学资源开发、培训实施和考核环环相扣，确保学习的相关性、学员参与度和培训的有效性，见图 4-6。

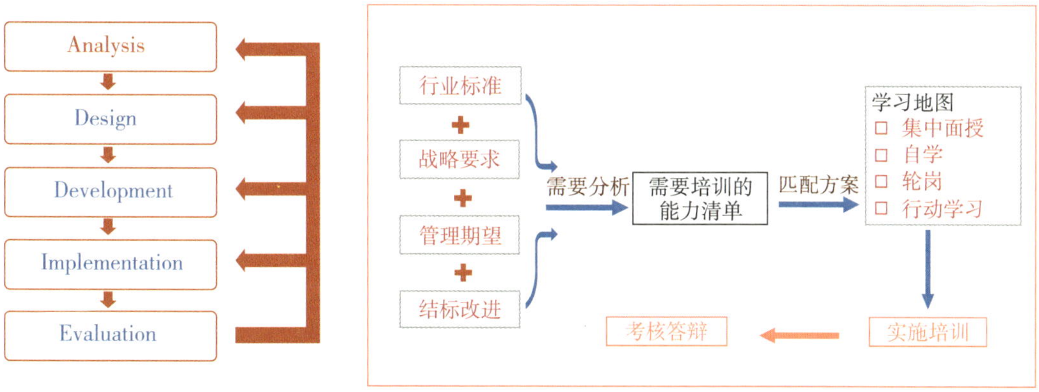

图 4-6 培训价值证据链

4.2 培养案例分享

国内核电厂领导力培养项目有着自己的历史传承和特色，此处仅以宁德核电的做法为例。

宁德公司中基层管理干部系统培训依据需求分析而来，总体上可以分为WANO核安全领导力培训、在任及后备干部培训、党务培训，见图4-7。以下详细介绍前两个项目的开展情况。

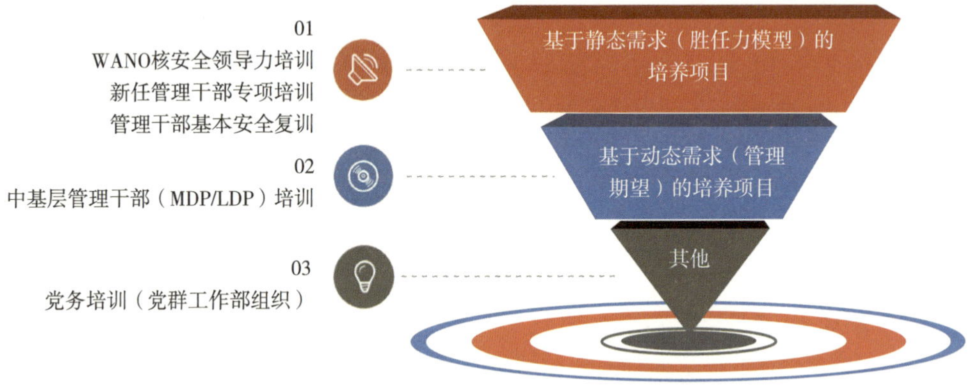

图 4-7 宁德公司中基层干部系统培训

(1) 案例 1 WANO 核安全领导力项目

①培训内化

2019 年 3 月，宁德公司引入 WANO 核安全领导力培训，2021 年开始制定培训内化计划，主要包括课程复盘、内容研究和教员培养三个方面。下面以内容研究和教员培养为例。

a. 内容研究

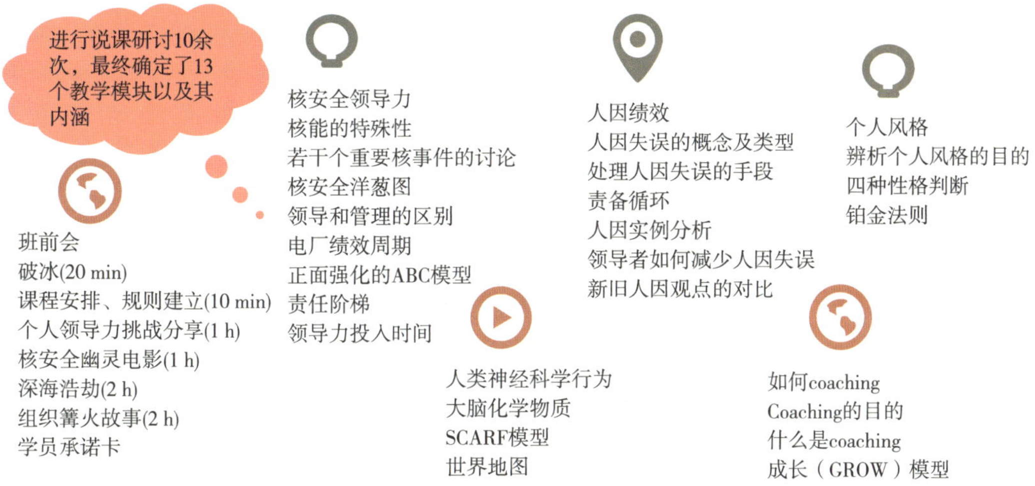

图 4-8　培训内容研究

此外，在内容本土化过程中，还加入了宁德核电真实案例，见图 4-9。

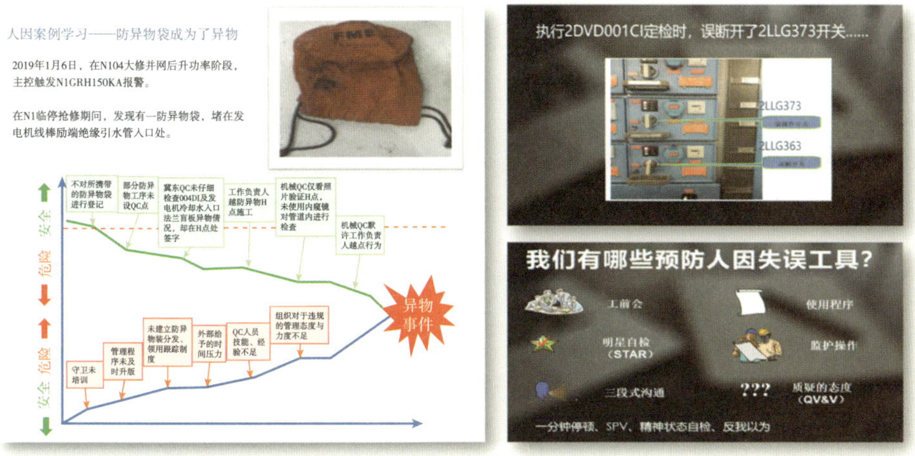

图 4-9　宁德核电案例分析

b. 教员培养

台上一分钟，台下十年功。上台前，每一个教员的至少要经过如此试炼—1 次说课、2 次试讲、授权上课。在该项目中，说课、试讲、考核人次相加超过 100 次。教员由培训部经理评定通过，方可获得课程授权。

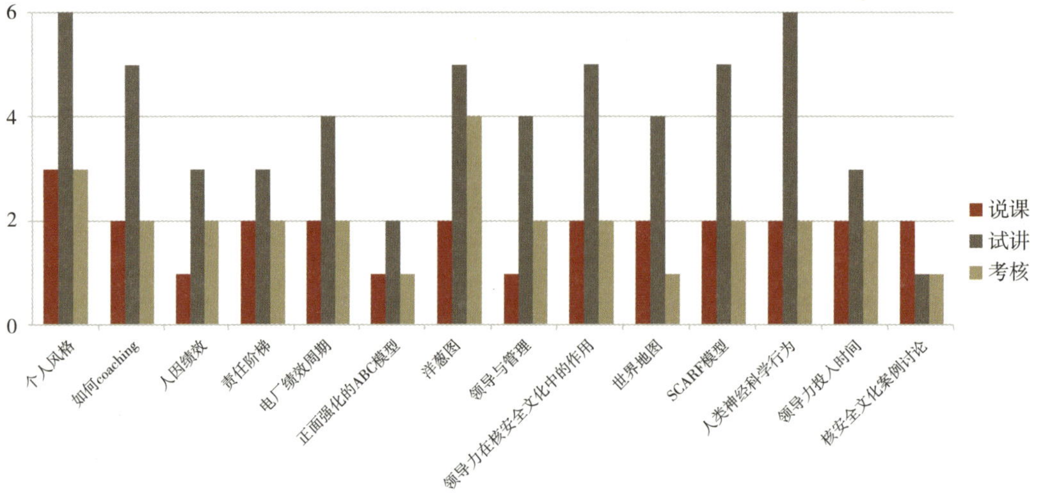

图 4-10　教员培训评价图

②项目特色

课程逻辑的构建紧贴领导力有效特性，帮助解决学员实际问题；课前引导学员将在工作中遇到的领导力挑战，以 A3 纸的形式展现在墙上，在课堂互相点评，尝试用所学领导力工具解决问题，采用引导式教学方法，如以实践方式训练学员进行 coaching，篝火故事分享会；直属上级参与训后管理，促进学习成果转化。如课后学员写下的三个关于核安全的承诺，收件人是直属上级，课后第一时间寄出。

③培训实施

该项目从 2021 年 4 月起开始实施，已开展 6 期，完成科级及以上管理干部全员培训，技术骨干 66 人参训，后备潜质干部 41 人参训，外部单位累积参训人数达到 38 人。

2022—2023 年度全面开展该项培训，通过培训全覆盖方式提升全员领导力，达到“人人都有领导力”的目标。

④培训评估

制作调查问卷，在每一期课程结束后对学员进行培训满意度调查，调查过程不是针对整个课程的泛泛而谈，而是精确到对每个模块的具体打分。调查结果显示，接近100%的学员表示愿意向身边人推荐此课程。

此外，每次课程结束后，项目组还会对每个模块课程进行逐一复盘，根据评估结果以及课程观察员体验对课程进行优化改进。

参加培训的EDF专家在报告中对该项目做出评价称“这是一个非常好的培训，应该被推广至群厂”（图4-11）。

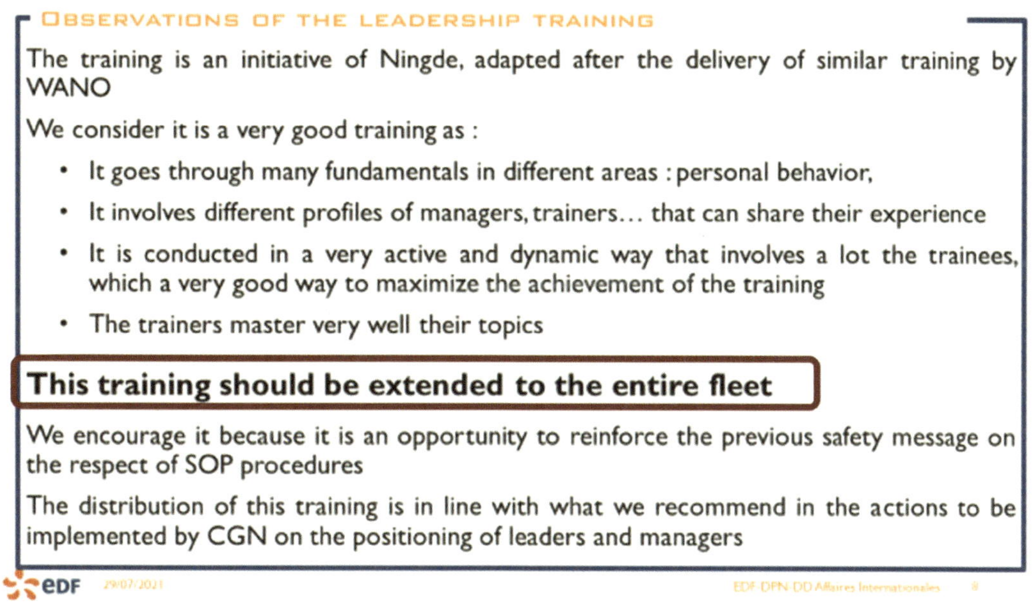
OBSERVATIONS OF THE LEADERSHIP TRAINING

The training is an initiative of Ningde, adapted after the delivery of similar training by WANO

We consider it is a very good training as :

- It goes through many fundamentals in different areas : personal behavior,
- It involves different profiles of managers, trainers... that can share their experience
- It is conducted in a very active and dynamic way that involves a lot the trainees, which a very good way to maximize the achievement of the training
- The trainers master very well their topics

This training should be extended to the entire fleet

We encourage it because it is an opportunity to reinforce the previous safety message on the respect of SOP procedures

The distribution of this training is in line with what we recommend in the actions to be implemented by CGN on the positioning of leaders and managers

eDF 29/07/2021 EDF-DPN-DD Affaires Internationales 8

图4-11　EDF专家评价

（2）案例2　宁德核电中基层管理干部系统培训（MDP/LDP）

①定位需求——把脉

邀请外部专家团队前来核电基地开展为期一个月的实地调研，对公司高管、部门经理、科长、业务模块负责人、青年潜质人才开展抽样访谈；叠加会议观察，听取公司、部门、班组工作会议，从组织战略、业务开展、人员能力层面，全面定位管理干部培训需求。

对照Lominger、DDI领导力素质辞典，诊断中基层管理干部当前普遍存在的领导力弱项，共计24项，参见表4-3。

表 4-3　领导力弱项

重点任务	需要的领导力素质	中基层现状评估		
		差距	合格	优秀
定目标：站在公司层面理解、解读、计划、实施和交付公司和上级布置的工作任务	1. 澄清要求 -通过提问确定工作要求的背景、目的，衡量标准，以及组织和利益相关方期望的价值、利益和隐含的顾虑	V		
	2. 解读信息 -整理定性信息以确定或说明趋势、问题及其原因；比较、对照和合并各种类型的信息（如，定量、定性、财务）以确定可以在销售策略和计划中说明的根本问题；查明看似独立的问题或事件之间的关联		V	
	3. 评估/选择方案 -考虑相关因素（如，成本、收益、风险、时间、组织目标和价值观、利益相关方价值）制定和推荐最佳方案			V
	4. 说明价值 -清晰描述方案带来的业务价值，个人好处与情感价值	V		
	5. 快速回应 - 在遇到问题或需要有所回应时，能立即采取行动		V	
	6. 主动行动 - 在他人要求之前，主动提出新的想法或可能的解决方法	V		
	7. 考虑协同 - 考虑所提出方案对友邻部门的影响，以及需要友邻部门的支持和协助	V		
	8. 满足或超过要求 - 迅速执行所有的例行工作；针对非例行性的工作，与顾客建立起共识；在合理的情形下，掌握机会超越顾客的期望		V	
	9. 帮助下属建立方法 - 与下属一起找出可帮助达成目标的工作方法和行动		V	
	10. 全员参与 - 与团队中其他人共同制定决策、一起行动		V	
	11. 确保下属理解 - 检查下属的理解程度；以多种方式说明工作要求，以加深理解			V

②方案设计——开方子

进一步分析中基层干部领导力弱项，从定目标、增效益、带队伍、育人才 4 大任务出发聚焦培养目标，从意愿、能力和组织 3 方面逐条给出建议，结合重要性与紧急性、工作量投入与效用分析，全方位有重点地提出能力短板解决方案，见表 4-4、图 4-12 和图 4-13。

表 4-4　能力短板解决方案

3 类方法 4 大任务	意愿提升	能力提升	组织支持
1. 定目标：在公司层面理解、解读、计划、实施和交付公司和上级布置的工作任务	1-1 问责错误行为，包容不满意结果	1-2 书单-自学-考试 1-3 培训及后续学习	1-4 改变任务下达方法 1-5 建立工作任务澄清和立项沟通制度 1-6 授予项目经理对跨部门项目组成员绩效评价权 1-7 总经理改变布置工作表述方式
2. 增效益：持续降本增效，推进精益化管理，提高电力市场营销水平，推进智能化、信息化、体系化和标准化创新	无	3-1 培训及后续学习 3-2 同行或跨行业交流	无
3. 带队伍：及时、准确地给与员工反馈，主动识别员工需求和诉求，激励员工士气，透明、客观评价员工绩效，对绩效优、劣员工进行差异化薪酬激励，精准解读、传递和落实公司政策和声音，在保持员工满意度基础上，进一步提升员工敬业度	4-1 一把手授课《公司战略规划》《公司人才发展规划》 4-2 各级例会汇报模块中增加与员工沟通等	4-3 培训及后续学习 4-4 学习活动建议，结合测评	无
4. 育人才：加速个人、团队学习和后备人才培养	5-1 增加“燃尽图”	5-2 选拔优秀后备人才担任高层助理 5-3 将后备人才纳入在岗中基层发展项目 5-4 课堂培训 5-5 系统人才培养项目 5-6 向中基层提供“兼职教员”培训	5-7 赞同对优秀后备采用预授权和见习制 5-8 选拔中基层/后备人才组成复盘萃取小组 5-9 职业发展通道设计 5-10 采取行动鼓励干部离岗学习

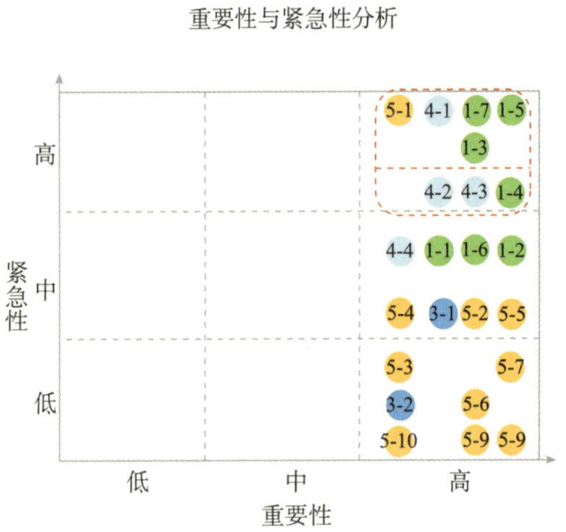

图 4-12　重要性-紧急性分析图

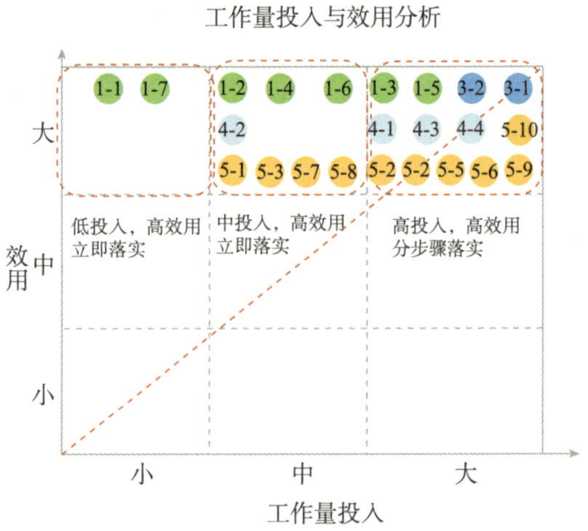

图 4-13　工作量投入-效用分析图

③培训实施——诊治

结合能力诊断结果，设计出包括线上学习、集中面授、行动学习为一体的 OMO 混合式学习方案，对训前、训中、训后三个环节进行全面设计，实施“从业务中来，到业务中去”的有实效、可落地的培训，见图 4-14。

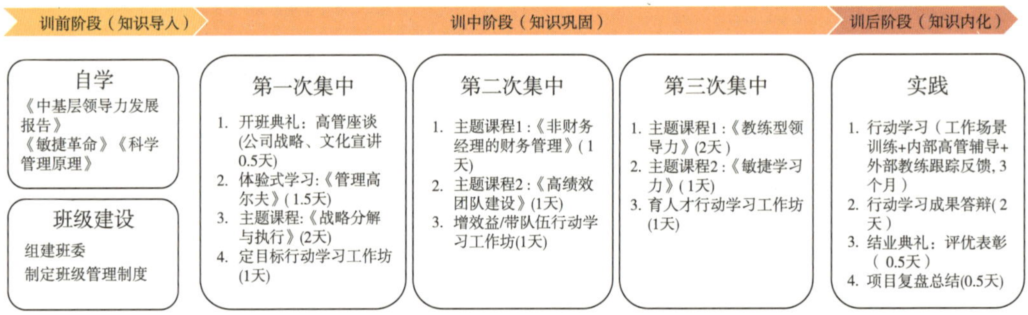

图 4-14　培训实施环节

MDP/LDP 项目于 2019 年 12 月正式启动实施，截至 2020 年 9 月完成 12 期培养班理论课的组织实施，截至 2020 年 12 月，完成 23 个行动学习项目的策划和实践，参训人数达到 177 人。其中，培训对象包括部门经理/副经理 52 人，科长/副科长 45 人，后备潜质人才 19 人，值长 27 人。

表 4-5　培训各阶段

培训阶段	学习形式	课程名称	时间
第一阶段：定目标	主题课程	管理高尔夫一向上沟通	1.5 天
		战略分解与执行	2 天
		团队目标与计划管理	1 天
	行动学习		1 天
第二阶段：增效率+带队伍	主题课程	非财务经理的财务管理	1 天
		高绩效团队建设	1 天
第三阶段：育人才	主题课程	升级学习力，搭建个人知识体系	1 天
		教育型领导力	1 天
	行动学习		1 天
结业	行动学习复盘、项目总结、结业典礼		1 天

在项目实施过程中，积累了一些良好的实践，如高管授课、行动学习、班级运营机制、考核答辩、结业典礼等，下面以班级运营机制为例展开说明。

班级自运营-激励机制，见表 4-6。

表 4-6　激励措施

	学员	老师	学员上级
激励措施	学员积分制 优秀学员奖励 留任、升职	师资积分制度 教学评优 教学津贴	盘点团队成员 优化团队能力

班级自运营-学习监控机制，见表 4-7。

表 4-7　学习监控机制

	课前任务	课堂学习	实践学习
学员职责	按进度要求完成课前任务	积极主动全程按时参加学习，按时完成知行录相关内容	按时完成实践学习任务

续表

		课前任务	课堂学习	实践学习
学习状况的跟踪监控措施		班主任每天跟踪统计学员学习进度，并发布报告，跟踪内容包括：考勤签到表，课堂学习表现情况按每门课程进行跟踪记录，包括课堂表现与知行录中与课堂培训相关内容的完成情况，活动参与情况，包括学习活动，班级活动与体能锻炼的活动等		
预警机制	黄色预警	未按计划要求完成课前任务	迟到或早退一次（无故缺课 30 分钟以内）或未按规定完成任务	实践学习任务未按计划进度要求完成
	橙色预警	累计 2 次黄色报警	无故缺勤一次（缺课 30 分钟以上）或累计 2 次黄色报警	累计 2 次黄色报警
	红色预警	累计两次橙色报警		
预警的处理办法	黄色预警	发送学员每周的学习情况监控报告进行通报，抄知学员上级主管领导，每个黄色报警在相应阶段的学习成绩中扣 10 分		
	橙色预警	班主任发布特别警示通报，抄送集团相关领导和上级主管领导，每个橙色报警在相应阶段的学习成绩中扣 20 分		
	红色预警	“一票否决制”，学员不能取得本次培训结业资格		

班级自运营-学员考核标准，见表 4-8。

表 4-8　学员考核评分标准

考核内容	评分标准	责任人	权重	评估细则	评估方式
学习过程	课前任务在规定时间内完成	班主任	30%	课前任务在规定时间内完成（5%）	课前任务、课后作业：按照班主任批改得分。未在规定时间内完成为 0 分。课堂学习参与度：用贴纸或乐学币等形式记录学员课堂过程表现
	课堂学习参与度			课堂学习参与度（20%）	
	课后作业在规定时间内完成			课后作业在规定时间内完成（5%）	
学习实践	主题任务行动学习	班主任	30%	主题任务课题参与情况（30%）	个人发展 IDP：按照班主任批改得分

续表

考核内容	评分标准	责任人	权重	评估细则	评估方式
学习成果	班级课题辅导参与度	行动学习教练	40%	班级课题辅导参与度（5%）	1. 班主任记录班级课题辅导参与度 2. 根据小组课题参与度与贡献度进行组内互评 3. 行动学习教练对课题成果进行评估
	小组课题参与度与贡献度			小组课题参与度与贡献度（15%）	
	主题任务课题阶段成果			行动学习阶段成果（20%）	

【加分项】

在班级管理和学习过程中有特殊贡献或提出合理化建议且被采纳（1～5 分加分）；

担任班长、组长、承担专项工作的，每人次额外加 3 分，但累计不超过 5 分；

班主任有权对加分项内容和范围做出调整，最终解释权归项目组所有。

班级自运营-学习积分规则，见表 4-9。

表 4-9 学习积分规则

评分模块	评分项	评分细则	分值	备注
学习过程	考勤	课程开始前 5 分钟内，在班级群中签到，逾时者算迟到；课程结束后 5 分钟内，如上午 12：00—12：05/下午 17：30—17：35，在班级群中签到，未签到者算早退。迟到/早退，扣 5 分/次；缺席扣 5 分/次	15%	1. 请假超过 1/6 自动退学；每阶段请假不超过半天； 2. 迟到、早退 3 次以上，无故缺课半天以上，退学重修； 3. 学员请假需上级领导、蒋总批准，将请假单电子版提交班主任处，否则按缺勤处理，系统触发邮件通报
		课中抽查学员在线情况，不定时呼叫学员，5 分钟内未回应算缺勤，一次缺勤扣满勤分 5 分		
		请假每次扣 15 分/天；当天请假未参加课程的，需对课程进行自学，并钉钉班群内分享学习心得，分享+8 分/次		
	课堂	课中积极提问或回答问题，根据回答情况加 1～3 分/次		扰乱社群、直播间或会议的秩序等，视情节严重程度扣 1～10 分
	作业	迟交扣一半分，未交为零分	15%	

续表

评分模块	评分项	评分细则	分值	备注
学习实践	行动学习阶段任务	在规定的时间内按时完成	20%	
	学习价值贡献度	小组课题参与度与贡献度	10%	组内互评
学习结果	行动学习成果汇报	行动学习教练对课题成果进行评估	40%	项目成果作为结业考核，现场打分

注：学员成绩 80 分以上结业。

④培训评估——复查

在长达一年的阶段学习中，学员平均出勤率为 96.38%，学习满意度为 97.82%。柯氏一级“反应”指标良好。

为了帮助学员巩固所学知识，设计了每日打卡环节，学员需反馈当日学习了什么、哪些知识可以与工作联系起来，近期有哪些应用计划。此外，结合“学习金字塔”原理，为了保证知识留存率，鼓励学员回到工作岗位中积极转训课堂知识，赢取积分奖励。

培训采用答辩考核方式，考察学员行动学习任务完成情况、行为转化情况（见表 4-10）和对业务结果的改善情况（见表 4-11），实现对柯氏第三、四级的评估。

表 4-10　学员行为转化情况

序号	项目前状况	项目后状况
1	承担重要项目时，不知道如何向上沟通，确认领导意图	通过课程学习和行动学习实践，提升了向上沟通的技能
2	以前做项目喜欢采用把每一步做到“完美”才开展下一步工作，到时有些项目难以推动或方向不对	通过学习 MECE 原则和“敏捷迭代”法，有了管理工具后，使工作效率和完成度得以提高，再使用“敏捷迭代”法快速循环提升，使得项目在短期内达到最优状态
3	对部门员工的性格特点仅凭感性认识，有时安排的工作任务与员工的个性不相匹配，造成执行困难	通过团队角色自测，摸清楚了团队各成员的性格典型特征，布置工作时分工更合理衔接更顺畅

续表

序号	项目前状况	项目后状况
4	分配任务的时候，让人感觉就是强加了额外工作，无法调动人员积极性	充分应用沟通技巧，使用 B-F 法则，调动人员的积极性
5	模块内员工工作积极性不高，缺乏有效激励措施，工作质量一直处于降低水平	通过 BIA 和 BID 反馈，重视员工自我激励，体现内在驱动力，改善员工人际关系，提高工作效率与成效。
6	与下属沟通时方式不对，容易对下属造成心理打击	学习教练 GROW 模型后，懂得如何与下属进行沟通，如何激发下属的积极性

表 4-11　学员业务结果改善情况

序号	项目收益
1	完善电厂统一巡检管理体系
2	完成 IPS 优化，提升平台使用效率和效果，IPS 巡检平台得到全面正式应用，实现巡检信息化和数据共享，为设备管理信息化平台提供输入
3	已完成 9 种新工具引进并分发各专业，提升现场巡检发现问题的手段和效率。导则已生效 2 份，其余 7 份已完成评审，计划 12 月全部生效
4	利用 IPS 平台趋势分析功能，发现多起重要缺陷和隐患，例如 4APA202PO 驱动端机封无泄漏量，机封水温度上涨。2 号发电机氢气泄漏率增大等

结语：

“人才是企业生存和发展的根基，组织要坚持人才引领驱动，首先要着力加强干部队伍能力建设，有计划、按步骤、分梯队、科学化做好管理人员培养规划和储备，培养一批数量规模相当、年龄结构合理、专业门类齐全的管理人才，增强年轻干部培养的前瞻性与系统性。

当下我国核电进入安全高效发展期，核电核准正在加速。我们如何做到高质量、精益化和敏捷响应，不仅在于外部市场和政策驱动，更在于内生的领导力驱动。有效的领导力需要管理干部共启卓越愿景、带动员工参与、营造合作氛围、追求持续成果和发展领导能力。

宁德公司通过多年摸索、探究和积累，形成了一套有目的、有标准的科学方法，可以通过刻意练习来帮助管理者提升领导效能，最大限度地激发全体员工的奋斗精神和创造力，从而实现组织的有效性。”

第五章　防人因培训管理

宁德核电防人因培训管理采用5步提升方法（如图5-1），从外部先进理念的对标、吸收和转化，以及内部经验和创新实践的定期总结优化，最终确定出公司全范围推广落地的防人因项目，并制定出各专业落地实践标准。然后应有SAT系统化开发或优化各专业防人因培训课程，做到各专业的分级分类培训普及学习与推广，并同时统筹现场防人因宣传与标识布置推广，营造全方位的公司防人因安全文化。在完成公司防人因实践标准普及学习与推广的同时，由所有防人因教员组成的公司防人因现场工作小组按计划前往现场，对各专业现场执行情况进行专业的现场观察辅导，完成防人因课程效果三级评估。同时针对现场执行情况的观察结果设立多维度监控评价指标，如：防人因工具使用状态盘、防人因指标盘与人因时钟、人因小事件闭环分析、人因LOE/IOE事件分析与改进。对人因小偏差或人因事件进行系统化分析，形成公司防人因工具应用实践数据库，并反馈至防人因标准制定与防人因培训优化环节，实现宁德核电整体防人因培训体系的动态优化、持续改进、追求卓越的高标准管理目标。

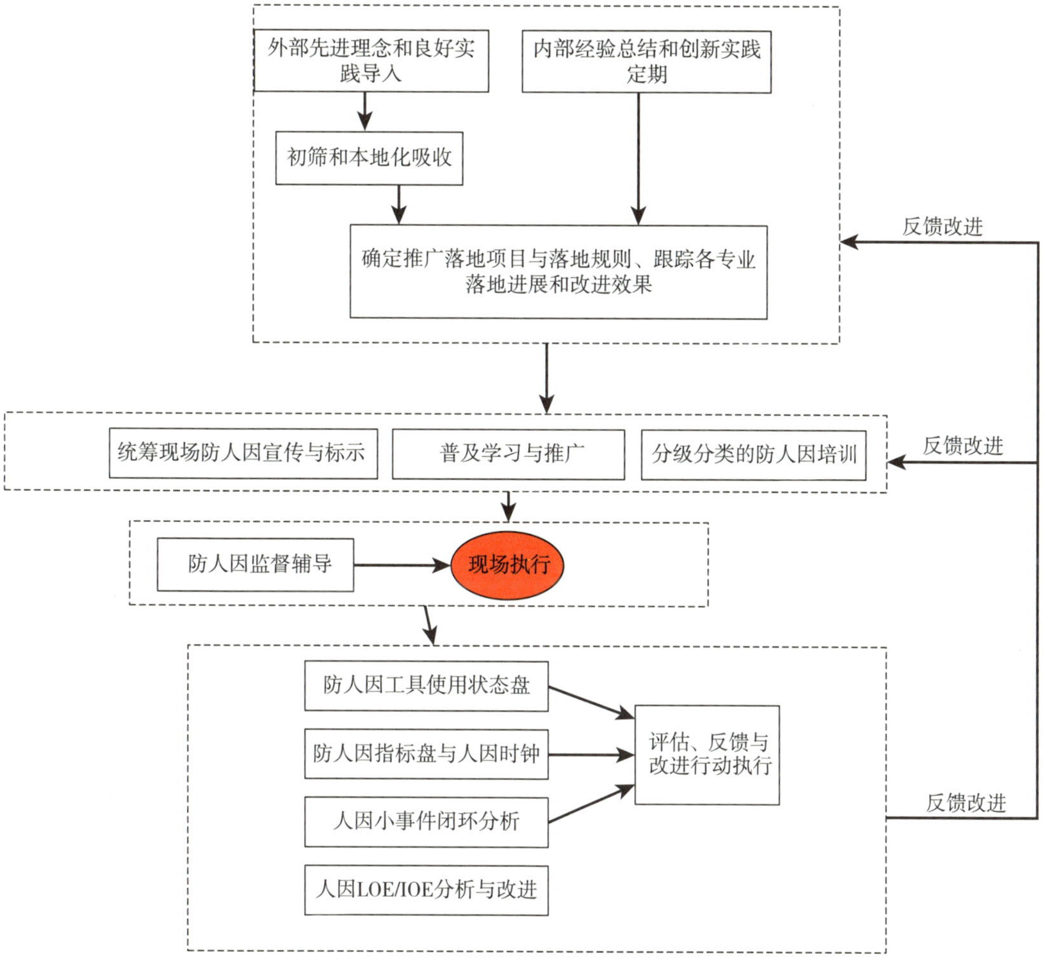

图 5-1 宁德核电防人因培训管理 5 步提升法

5.1 防人因标准建立

5.1.1 外部先进防人因理念引入与内部创新实践固化

2018 年宁德公司正式引进了国际先进防人因理念——PII Error－Free。包含：领导力、防人因、根本原因分析、程序准备与审查、SPV 验证、设备检修与可用性分析 6 大类课程，引进 For Workers、Supervisors、Reviewers、Leadership、Human Performance and O&P Root Cause Analysis、Troubleshooting、SPV 等系列课程，培训人员 1082 人，并培养 For workers、Supervisors、RCA 种子教员各 10 名，全面提升生产人员的专业技术能力。

2019 年正式引进了 WNAO 推荐优秀电厂 EDF－Energy 先进防人因理念。消化吸收和落地 Coaching、三色工前会、CV/PC/IV、Flag、Place keeping 防人因工具，并于同年进行标准优化和全厂培训宣传推广。同时引入 INPO 绩效管理模型，创立公司多维度防人因监控指标。固化推广维修领域 Part by Part 程序优化实践。

2020 年正式引进美国先进 TAP Root 人因事件分析方法。经过长达两年的消化吸收，创立以七大屏障为基础的人因事件改进纠正行动制定指南。

5.1.2 人因绩效指标建立

2019 年宁德核电为强化现场人因绩效管理，引入了 INPO 绩效管理模型，创立公司多维度防人因监控指标。针对电厂防人因培训、现场巡视管理与人因绩效设置了 KPI 指标，建立完整的防人因管理闭环体系，细化防人因工具执行标准，明确防人因培训要求，推动防人因工具在现场工作中落实，加强观察巡视与 coaching，实现了宁德核电人因失效率由约 1.5 降至 0.3，为中国广核集团平均人因失效率的 1/2。宁德核电单台机组人因事件数由 2016 年的 14.25 降至 2020 年的 2.25，见表 5-1 和图 5-2。

表 5-1 宁德核电人因绩效指标

指标名称	指标说明	统计频率	指标值
培训不通过率	各部门与各承包商单位员工防人因培训不通过率	月	<10%
行为观察次数	各部门每季度现场与视频行为观察次数	月度	≥2

续表

指标名称	指标说明	统计频率	指标值
人因失效率	滚动12个月运营人因（IOE+LOE）数量×当月总人工时/滚动12个月总人工时	月度	<1.8
透明指数	连续3个月处于红区，部门需要进行专项分析并制定改进提升措施；连续3个月处于黄区，将部门归为帮扶改进对象，针对性改进。 连续2个月处于深水区，由主管项目经理对部门经理进行约谈，并制定改进提升措施；连续3个月处于深水区，由主管副总经理对部门经理进行约谈，制定改进提升措施	月	红区 深水区
人因事件数	一年内，行为规范类人因事件数	年	<11

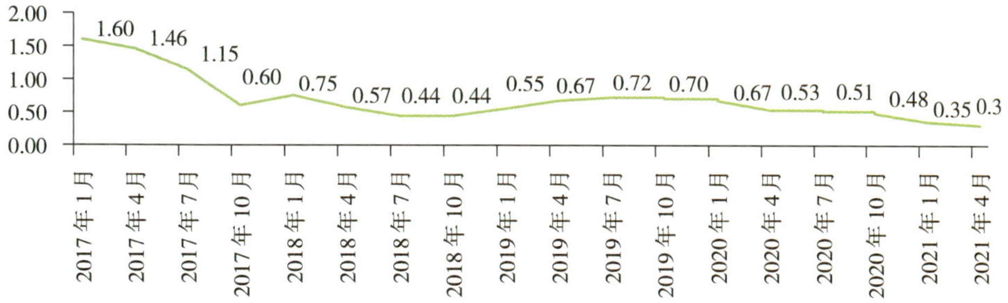

图5-2 宁德核电人因失效率

5.1.3 防人因工具开发

2018年开始，宁德核电不断地与国际同行进行对标，正式引进了PII的Error-Free和WNAO推荐的优秀电厂EDF-Energy的先进防人因理念，并结合电厂各专业良好实践，逐步完善公司防人因工具的使用方法。

（1）使用程序——“Φ标记法”

在核电厂程序是预防人因失误最基本的一道屏障，按照正确的程序执行正确的动作可以确保：所有人员的人身安全，遵守法律要求，降低和控制机组的运营风险，保护环境安全，从而确保核安全。所有现场作业活动，我们都应该确保绝对遵守、执行程序，同时待之以质疑的态度，在工作中正确使用程序。

通过准备程序严格审查待执行程序的有效性、适用性、完整性。工作开始前严格核对待执行程序：版本最新和类型正确；程序完整（签字、盖章、页数、打印等完整）；确认程序内容与工作任务相符等。

通过理解程序的任务基础、执行风险、成败控制，对操作执行前对程序内容进行回顾：熟悉工作现场；阅读理解并且质疑程序的每个步骤；明确程序的执行风险及控制措施等。

严格按照程序要求的顺序执行并标记，在工作执行过程中，应带着质疑的态度按照已认证的顺序严格执行程序，且程序中的防范措施、警告和注意事项都是应该考虑的“步骤”，严格执行程序标记法防止人员步骤遗漏或重复操作。以质疑的态度完整阅读并理解整个步骤；在程序步骤前或工序的□上画圈标记，表示该步骤已被阅读和理解；确认要操作设备，确认初态，按照程序要求执行该步骤，确认终态；确认该步骤已完成后，在圈上划斜线“/”，表示该步骤已被完成，如有要求应签名，见表 5-2。

工作执行中应及时反馈程序执行出现的异常情况；工作结束后应及时反馈程序执行结果，确认程序目的已达成。

表 5-2　Φ 标记法执行示例

现场操作单（S2RRA01402S01）				
操作/核对		标识	位置	备注
确认下列RPE阀门在线				
开启	⊘	1RPE156VP	R363	该步骤已完成
关闭	◎	1RPE155VP	R363	该步骤刚开始
开启	□	1RPE592VP	R260	该步骤尚未开始

（2）两级工前会

工前会可以确保工作组成员做好充分的准备，帮助所有人员聚焦拟达目标以及如何通过使用正确的预防人因失误工具来减少失误。对于工作负责人，工前会是一个澄清、确认与提醒的过程，对于工作组成员是一个重新认知和熟悉的过程。总之高效的工前会能预防事故的发生。核电厂每一项任务都需要根据工作任务的风险等级、重要性和工作频度决定了工前会的类型召开恰当的工前会。

核电厂工前会主要有两种类型类：碰头会议和记录会议，见表5-3。主管与工作成员讨论人员状态、环境变化、任务变化、首次作业等对工作的影响，决策工前会等级，但原则上工前会只能在程序规定的基础上升级，而不能降级。工作中出现如下情况需重新召开工前会。如：工作中止后重新取票开工前；维修工作交接班后；更换工作组成员时；工期大于一天的工作，每日工作开展前，工作负责人应召开任务会议，再次介绍工作进展、工作风险等内容。

表5-3　工前会分类表

	低风险	中风险	高风险
简单或重复	碰头会	碰头会	记录会
复杂或不常执行	碰头会	记录会	记录会

经常执行且工作任务、人员、环境和程序几乎不变的工作，一般召开碰头会，工作组成员进行面对面讨论。状态检查：确认人员和现场状态如何！（听/观/问）职责分工：干什么？谁来干？怎么干？风险分析：有哪些风险？最坏的情况（SPV）？应对措施：确保全面、规范、可执行！

关键任务、复杂或不常执行的高风险工作一般召开记录会，此时任何一项失误都会产生严重的后果。其中A类工作、大修一级（工业安全/辐射安全）高风险作业、大修一级维修活动的记录会中应设置一名对该项工作比较熟悉的“唱反调人员”，只负责在工前会中提出挑战（在风险识别与措施制定中至少提出1条挑战）包含但不限于以下情形：对操作人员及监护人员能力提出挑战；有成员整个工前会未发言时；班组成员提出的意见或建议被忽视时；工作中存在的风险而未被识别时；识别了风险但未制定措施或措施不完整时等。

（3）三段式沟通

为使员工在工作中树立主动沟通的意识，在沟通过程中重要信息采用三段式沟通，确保沟通信息得到正确的传递，并达成有效共识的过程，减少沟通失误率。要求员工在工作开展前主动通知主控；发现意外状况时主动沟通寻求帮助；需要作出选择时主动沟通再做决定；感觉不太确定时主动沟通消除疑虑；跨部门合作时主动沟通核实重要信息。

无论是打电话沟通还是面对面沟通，传达将导致决策、制定方向或采取行动的信息时都要使用三段式沟通。

三段式沟通要求员工，沟通时只做沟通这一件事。沟通时双方表明身份，明确工作任务，发送者以清晰、简明，没有歧义的工作语言发送信息，并要求对方复述。接收者根据理解用自己的话转述信息，并要求对方确认。如果确认接收者理解了信息，发送者确认正确。如果发现接收者误解了信息，重新发送信息。所有信息沟通完成 OVER 确认。

（4）明星自检

明星自检公司是用于在员工身体行动之前，提高员工注意力，要求执行者集中将注意力集中在合适的设备上，思考将要执行的动作，在操作前理解预期结果，在执行后验证预期结果的一项工具。通过使用明星自检，将执行者注意力集中在正确的设备上，思考将要执行的动作，在任务执行前确保人员朝着正确的方向做正确的事，确保只会产生正确的结果。

在工作中每个值得注意的行为，在产生影响之前都应使用明星自检，执行动作前，员工应主动停下来，聚焦待执行的操作。确认当前条件满足，预想操作要领、预期结果及预案。清晰有力，完整准确地唱票，并手指设备，比对指令核实功能位置，执行预想的操作。操作后，确认和预期相符。

（5）监护

为确保核安全，核电厂要求重要高风险工作需通过人员冗余增加一道屏障来避免人员失误的发生，形成预防人因失误的第二道屏障，以确保操作人员朝着正确的方向做正确的事。即为核电厂的监护，监护一般有两种形式，分别是：CV 监护（Concurrent Verification）是由另外一个人对操作者的每个步骤进行监护，以确认操作者动作、设备状态或配置正确性的一项工具。PC 互查（Peer Check）是由另外一个人对操作者执行程序的一部分连续操作的正确性进行检查，以确认操作者动作、设备状态或配置正确性的一项工具。

当行动是不可逆的（关键步骤）和可能产生立即的核安全、辐射防护、环境或常规的安全影响（包括：跳机跳堆，非计划降功率后撤、损坏、受伤或财产损失），应使用 CV 监护。CV 监护要求监护者技术授权应不低于操作者。双方明确监护职责与范围。1）分别自检：双方就正确位置、正确状态、正确行为达成共识；2）同意执行：操作者每一步操作都需获得监护者“同意执行”后才能操作；3）全程观察：操作者执行预期动作，监护者全程观察，共同检查操作结果；如操作者的行动与预期不符，监护人应及时制止操作者操作。如果监护过程出现偏差，将由监护者承担主要责任。

此外除程序要求监护的操作外，其余操作当失误将产生重要的、不期望的后果时，员工均可主动使用 PC 互查，PC 互查要求监护者授权不必高于操作者，但需具有 1 年以上本模块工作经验或至少 3 次相关工作经验。1）明确要点：根据实际需求或程序要求明确需执行互查内容；2）独立验证：双方自检正确位置、正确状态，确保以正确的行为执行操作；3）全程观察：操作者执行预期动作，监护者全程观察，共同检查操作结果；如操作者的行动与预期不符，监护人应及时制止操作者操作。

（6）质疑的态度

质疑的态度是激励人员积极主动地思考以确保行动方案的有效性和安全性的一种工作态度。它要求我们以“适度不安”的态度接手任务，说出自己发现的问题或疑惑是质疑的关键。反“我以为”是避免员工在思想层面上走捷径的一种工作要求，保持质疑的态度核实“我以为”是否有可靠支持依据非常关键。质疑的态度可以通过挑战人们已有的观念和假设来确保核安全，可以帮助员工持续不断地审视是否依据正确的信息来安全地执行任务、防止失误的出现。

质疑的态度要求员工独立审查找出工作可疑的信息，自我验证信息与自己经验一致，找他人核实寻求有经验人的帮助。

工作中当出现类似陈述（危险词语），比如“我以为……”“我们一直是这么干的”“我确定……”“我相信……”的迹象时，核实这个“我以为”是否有可靠支持依据；核实设备的实际状态；核实文件的实际要求；至少要与一个人讨论，并形成正确的结论；至少向一个有专业资质的人请教，并获得直接上级批准。在团队合力完成工作时，应用质疑的态度，防止团体思维发生的一个有效方法就是指派一个“唱反调”的人员。这个人负责监督团队的行动和决议并提出质疑，为没有得到关注的问题、忧虑或者选择辩论。质疑的态度可以在任何人员中进行，比如同事之间、上级质疑下级、下级也可以质疑上级。

（7）防误碰

误碰风险是电厂面临的人因绩效挑战之一，防误碰是一种总结电厂经验反馈内容，明确告诉员工工作中的易误碰点，并采取防护措施的实用工具。当所执行的工作任务是以下易误碰作业类型时：配电盘/控制柜/接线箱内部；搭/拆脚手架；拆/装保温层；工具/设备运输；设备清洁/防腐；防火封堵作业；密集场所拆接线作业。当所执行的工作任务存在以下易误碰环境时：按钮；一字柄阀附近；传感器（探头）；小管道附近；狭小密集空间。根据经验反馈误碰风险最高。

防误碰要求员工：就地识别现场具体识别哪里存在误碰风险，制定并落实有针对性的有效措施。如发生误碰，第一时间汇报主控！常见的防误碰技防措施：闭锁装置、保护罩、区域隔离、声光警示、警示标识、文件标识等；常见的防误碰人防措施：监护、看守、巡视等。

（8）工后会

工后会是工作负责人组织工作团队在任务执行结束后组织的双向讨论会议，总结偏差和良好实践，跟踪落实，以确保工作的各项要求长期达成预期。

新项目、新工具、新工艺、新人、新窗口等五新项目工作；工作过程中出现了没有考虑到的异常情况；操作与预期不符的相关工作等情况一般需召开工后会。

工后会讨论要点包含不限于：（1）工作过程、结果与预期一致吗？（2）有什么需要反馈的偏差或良好实践吗？（3）工作文件或工作流程是否需要升版，并进入流程跟踪？且工后会讨论的内容必须反馈给主管。

（9）薄弱项鉴别

为保证高风险任务有稳定高质量的防护层保护，减少低风险任务无效的防护层，避免对执行造成负担，避免一味的防护层增加，充分改善已存在屏障的质量。核电厂要求所有的工作任务均要在工作开展前进行薄弱项鉴别。

薄弱项鉴别是一个动态识别的过程，一般由经验丰富员工来执行单项弱点工作，为一旦出错造成管理层无法接受的严重后果的不可逆事件。其是工作关键点的子集（关键点：为易出错点会导致有严重后果的事件，为常见的风险点）。单项弱点是一个没有设置防护层预防出错的关键点；是一个设置不当或薄弱防护层预防出错的关键点；或是未识别出的关键点。

（10）精神状态自检

精神状态自检是员工开工前对人员状态自我检查的一个工具、方法。能够有效避免员工因为大脑应变不足而产生的人因失误，它能确保员工在开始工作前能意识到自身存在的精神状态偏差，从而能采取有效的措施避免在工作中产生负面影响。

核电厂工作要求在每次开工前或工前会上作为一项专项工作进行精神状态自检讨论：是否有得到及时休息与睡眠？是否感到身体不适？是否有心事干扰？是否安排重要工作在节假日前一天或休假后第一天？今天是否有两个以上的工作需要完成？是否在疲劳点从事关键工作，如上午 10 点、下午 2、3 点、凌晨 3、4 点、饭后 45 分钟？是否得到及时的休息，是否连续工作 10 小时？此项工作中是否有变化，面临与以前不同的新情况？是否急于完成此项工作，凭借记忆工作的念头？是否对此项工作存在疑问？

当我们发现存在以上问题时，要及时向工作负责人或主管提出，寻找合适解决方案。如：安排足够休息时间再进行工作；推迟或者提前工作时间以避开疲劳时间点；主动要求监护；充分了解、验证新信息之后再工作等。

（11）FLAG

FLAG 旗帜是对要被操作的部件、设备或要进入的相关作业区域进行标记的一种实物工具。可以有效地支持明星自检、监护等防人因工具的使用，防止员工走错间隔。使用监护操作、明星自检等防止人因失误工具操作设备前，应使用 FLAG 旗帜辅助标记。FLAG 旗帜标记应该在工作开始之前完成，且操作设备时应按照正确的工作文件通过把手唱票再次确认被标记设备完全正确。FLAG 旗帜必须存在于任务执行的全过程，工作完成后标记物必须回收并恰当存放。

FLAG 旗帜要求要与标记的部位、地点或环境相符，对使用者来说清晰可见，能突出、明显地显示出要操作的设备，选择标记物应该恰当且合适，在工作完成之前不能偏离原有位置或脱落。FLAG 旗帜仅是支持辅助工具，在任何情况下都不能削减或代替明星自检或监护工具。现场如若发现疑被遗留的标记物，不能马上移除，应先向主管或上级报告。

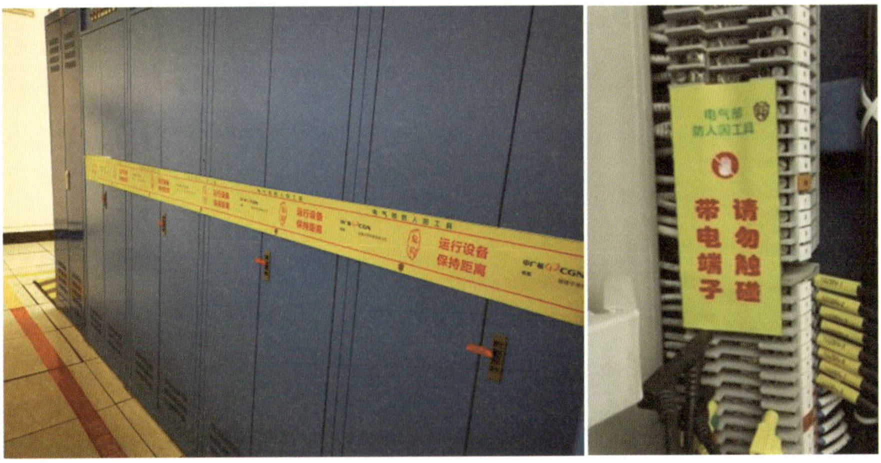

图 5-4　FLAG

5.2 防人因课程体系建立

宁德核电防人因课程是在外部先进防人因理念引入的基础上，结合内部创新实践优化和各部门需求现状调研开发而成。根据人因数据统计分析，宁德核电 2016 年共发生人因 IOE/LOE 事件 71 起，其中生产线员工约 862 人，由业主员工防人因行为规范不足引起的人因事件占 44 起，占比约 62%，造成宁德核电安全存在极大的潜在安全隐患，见图 5-5。

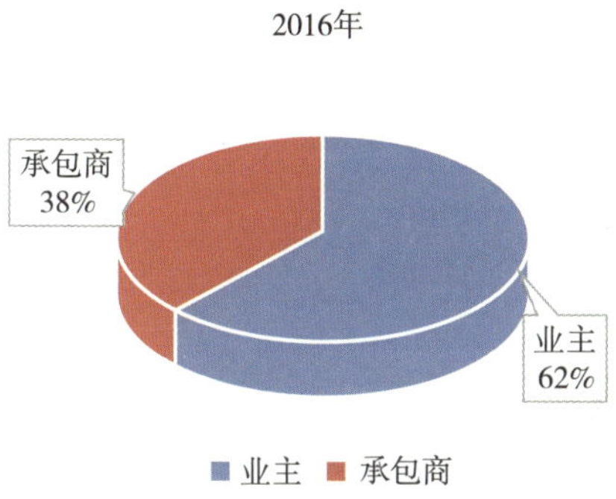

图 5-5 2016 年宁德核电人因事件统计

为改变这一现状，保障机组安全，2017 年宁德核电实践创新首创实景化防人因培训模式，开发自主设计开发的 FULL-LOOP Simulator 实景化防人因培训系统，可以用于防人因、现场在线、防误碰、防走错间隔、高空作业等多项技能培训。

FULL-LOOP Simulator 实景式防人因训练系统在开发之前进行了充足的需求调研，梳理了近两年的人因失误案例、收集各专业的典型工作场景、选择易犯错的情景，在同各专业部门进行了反复沟通后，确定最终的开发方案。系统模拟了现场真实系统的环路设计，学员通过执行现场真实工作文件，实现工作流程全范围模拟，以达到训练学员在全工作流程中的行为规范的目的。

FULL-LOOP Simulator 系统在设计时充分考虑了 SAT 的培训评估环节，

为实现高质量的柯氏一级课堂培训效果和二级学员接收效果评估，系统设计了多机视频摄播系统，实现了培训过程、考试时教员对学员的无扰观察与学员的自我观察评估。此外实景化课程培训还从学员自我验证和教员独立验证的角度设置了柯式3级评估环节，课程结束后要求学员需在一个月内提交现场实践应用报告，由教员进行评判。课程结束后一年内教员会结合现场观察辅导随机对现场人员实际工作进行随机观察评估，并编写观察报告反馈至现场工作人员与后续课程培训，以达到学以致用、持续提升的教学目的。

此外宁德核电还专业分模块开发PTR全回路模拟实操系统、ASG全回路模拟实操系统、SAP全回路模拟实操系统、辐射防护实操系统、电动头操作系统、配电操作平台、继保操作机柜、化学VR操作平台等一系列实操场景，采用现场真实工作文件，真实还原现场实际工作场景，参见图5-6。根据各专业实际工作需求，利用全范围模拟机和一系列实景化实操平台开发完成宁德核电完整的防人因课程体系。

化学VR　PTR全回路模拟实操系统　AS全回路模拟实操系统

继保操作机柜　配电操作平台　辐射防护训练系统

温度实验平台　长度实验平台　力学实验平台

图5-6　防人因实景化培训场景

宁德核电防人因课程体系总体上分为初训课程与复训课程两大类，其中初训课程又分为基础套餐培训和专项培训，参见图 5-7。基础套餐培训培训对象主要为公司运行领域、维修领域和技术领域所有生产线员工，培训课程包含宁德核电预防人因失误理论及 9 张防人因工具卡实操培训，为员工进入现场参加工作的必须条件。防人因专项培训是针对领域、维修领域和技术领域的准备工、QC、经验反馈工程师、教员和管理者工作需求开发的专项防人因系列课程，包含：程序设计和审查、人因事件根本原因分析、设备事件根本原因分析、防人因技能课程设计与开发、防人因技能设施设计与开发、行为规范观察与辅导、管理者防人因工具、人因绩效管理等课程。而复训课程则是利用全范围模拟机和一系列实景化实操平台分专业开发，包含：运行人员防人因复训——现场人员、运行人员防人因复训——主控人员、机械人员防人因复训、电气人员防人因复训、仪控人员防人因复训、生产服务人员防人因复训、化学人员防人因复训、人因事件根本原因分析、设备事件根本原因分析和管理者防人因工具等课程。每季度针对员工在实操培训考核中的偏差分别进行统计分析，一方面将重点行为偏差反馈至现场部门，进行改进提升，另一方面在下季度的培训进行改进，重点关注与考核。

宁德核电预防人因失误课程体系

课程			对象	对应专业
初训课程	基础课程	预防人因失误工具——理论（质疑的态度）	员工	运行、维修、技术领域各部门
		预防人因失误工具——工前会（精神状态自检、SPV、工后后）		
		预防人因失误工具——使用程序		
		预防人因失误工具——自检		
		预防人因失误工具——监护		
		预防人因失误工具——有效沟通		
	专项培训	程序设计与审查	准备工、QC	
		人因事件根本原因分析	经验反馈工程师	
		设备事件根本原因分析		
		行为规范观察与辅导	管理者	
		人因绩效管理新观点		
		领导力（Leadership）		公司各部门
复训课程		运行人员防人因复训（主控）	员工	运行一、二部
		运行人员防人因复训（现场）		
		机械人员防人因复训（静机、转机、容器）		机械部
		电气人员防人因复训（继保、配电、电动头）		电气部
		仪控人员防人因复训		仪控部
		生产服务人员防人因复训		生产服务部
		化学人员防人因复训		化学环保部
		人因事件根本原因分析复训	经验反馈工程师	运行、维修、技术领域各部门
		设备事件根本原因分析复训		

图 5-7 防人因课程体系

宁德核电于2018年完成生产线各部门员工与承包商员工的防人因初训100%覆盖。并于同年完成各专业防人因复训课程与设施开发，按年度计划分批次完成维修领域、运行领域和合作单位员工防人因分级分类复训。

5.3 防人因宣传

为使防人因培训取得更好的实践效果，公司在现场办公室、会议室、楼梯走廊、车站站牌，编制防人因工具一句话标语，拍摄防人因工具实践标准行为规范视频，网页宣传，移动海报宣传等多种方式，见图5-8，进行了大量的防人因宣传，并为每一位员工制作了随身携带方便学习的防人因工具卡，使防人因安全意识深入人心。

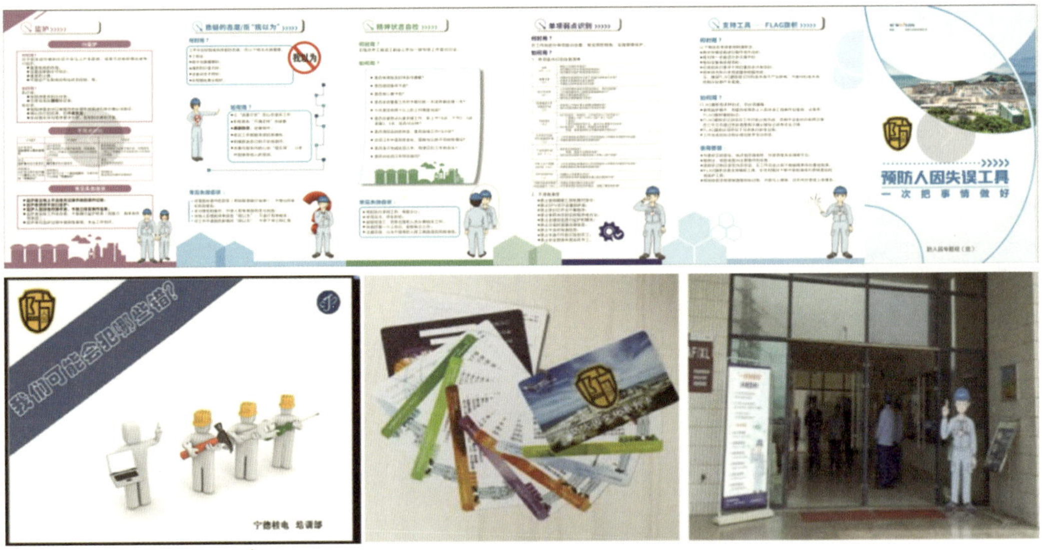

图5-8 防人因宣传

为使公司整体人因绩效改进理念达成共识，自上而下地提升公司管理者防人因意识与管理水平，2019年宁德核电邀请WANO专家来宁德开展领导力培训，讲解国际先进人因绩效管理理念，见图5-9，截止2021年6月，成功完成公司内部基层管理者及以上人员全员转训，提升公司全员人员的防人因知识水平与管理能力。

图 5-9　WANO 领导力培训

组织公司管理层开展核安全文化与防人因研讨会，选取集团和公司内部典型人因案例，从组织与管理层面分析了公司在人因管理方面的不足，以开放创新的心态发现问题、解决问题。并组织公司管理层签署管理改进承诺卡，自上而下地推动公司提升了组织与管理层的防人因管理水平，见图 5-10。

图 5-10　安全文化研讨会

组织公司各部门与承包商共 39 个单位开展防人因技能竞赛，竞赛分为初赛、复赛和成果汇报演出。来自运行组、维修服务与技术组、一线支持组以及合作单位组 40 支参赛单位参加了竞赛。初赛主要观察现场行为规范进行评比打分。复赛则在技能培训中心设定的防人因工具卡综合应用场景上进行全面考核评比。决赛以小品、相声、情景剧等各种表演形式来呈现对防人因工具卡的理解与运用。通过实操演练、现场实际工作观察与演出的方式，总结出了现场工作常见的 Top10 项人因失误，加深了员工对防人因工具的理解，促进防人因工具在现场工作中的应用，见图 5-11。

图 5-11 防人因技能竞赛

5.4 现场执行

为进一步强化现场人员防人因意识，保障机组安全运行，公司防人因小组在生产线部门和合作单位定期开展人因失误陷阱排查专项活动，提高员工在日常工作中发现人因陷阱的能力，现场人员在进行人因陷阱排查时主要从机组设施设备或环境、管理程序或操作规程、工作计划与实施、人员知识与技能等方面开展。以减少人因失误和杜绝重大人因事件发生，激发公司全体员工的主人翁意识和核安全文化意识。活动期间现场发现并改进了程序类、环境布置类、精神状态类等 1152 项人因陷阱。

此外防人因小组从运行各值抽取一名主控室操纵员与一名现场操作员，从维修各专业科室抽取一名工作负责人，进行为期一周的防人因专项能力提升培训，授权其成为各值和各科室的防人因工具执行的标杆，对值内和科室行为规范进行指导与示范，整体提升公司的人因绩效，见图 5-12。

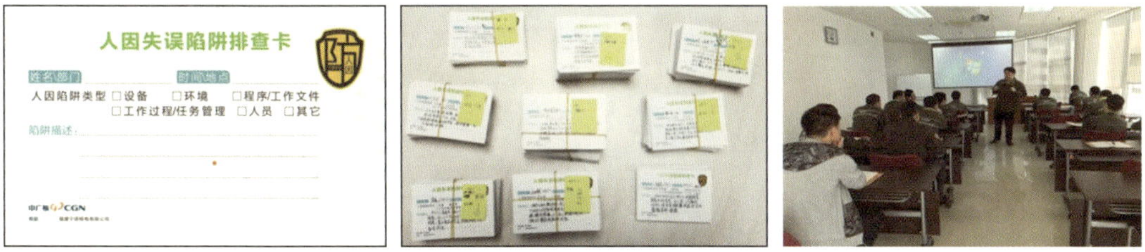

图 5-12 防人因陷阱现场排查与防人因示范岗选拔

5.5 防人因观察辅导

构建完善的防人因观察辅导体系，制定统一的观察辅导标准，确保管理层在现场时充分挑战和辅导员工的行为规范。采取现场观察和远程观察的两步走的方式，对运行、维修领域与各承包商开展了独立监督辅导和各部门联合网格化观察辅导，并定期对收集的观察数据进行了二次分析。从2018年7月至2021年5月，已实行各层级防人因巡视2600余次，共发现人因工具使用偏差及良好实践4000余项。

5.5.1 网格化观察辅导

各部门联合网格化观察辅导总体划分运行领域和维修领域，各领域内各部门联合开展行为观察，以被观察部门作为主导，各级管理者及防人因教员全程参与观察过程。各领域每月开展联合观察2次，现场观察和远程观察各一次。观察标准采用统一3级行为规范观察标准，防人因小组对所有观察数据进行收集分析，制定针对性整改行动，反馈至各领域、各部门及防人因课程培训，且针对各领域频发的共性问题和重复的严重行为偏差设定监控指标，由防人因小组向涉及人员、部门、专业及公司管理层进行行为预警，以致于将事件止于隐患，参见图5-13。

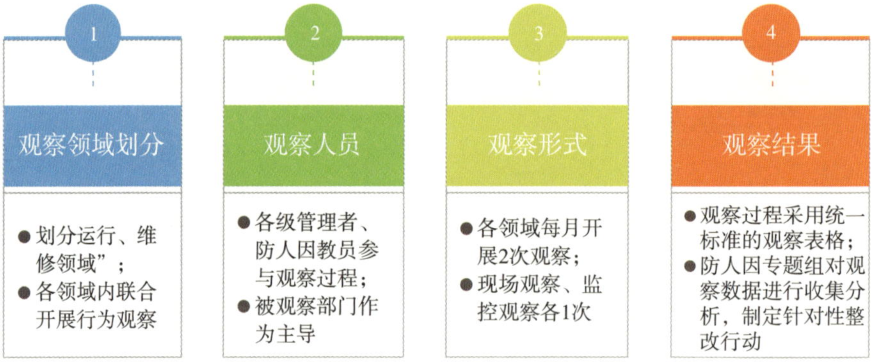

图5-13 联合网格化观察辅导流程

5.5.2 独立监督辅导

独立监督辅导是由防人因教员独立组成的现场观察辅导团队，定期根据监督计划对现场人员行为规范进行独立评估，并给出第三方独立评价报告的防人因绩效提升项目。项目以辅导为主监督为辅，日常期间每周至少开展 1 次，大修期间每周至少开展 3 次。

独立监督辅导旨在建立公司内部防人因管理持续改进机制，提升公司内各部门和合作单位防人因管理水平。对于发现的各部门及合作单位在防人因管理中存在的问题，及时辅导改进；对于发现的各部门及合作单位在防人因管理中的良好实践，及时推广，推动各部门及合作单位之间优势互补，共同提高，见图 5-14。

图 5-14　现场独立监督辅导

第六章　核安全领导力

通过近几年 WANO 同行评审结果来看，发展“领导力”已成为核电行业的一个重要议题。一些重要的国际组织，例如国际原子能机构（IAEA）与核能机构（NEA）将领导力作为不良业绩与卓越业绩差异的关键影响因。求木之长者，必固其根本。针对这样一种趋势，集团近年来愈发重视领导力的建设和改革工作。2020 年，根据股份公司提出的领导力建设五年规划以及深化改革的要求，宁德公司积极开展先行试点工作，并根据宁德公司实际情况制定全员核安全领导力提升深化改革方案，2021 年沿着“培训-实践-评估-改进”的提升思路着手开展了一系列领导力建设工作。

6.1　主动承接战略任务，做领导力建设先驱

领导力建设的第一步是让所有人理解并认可领导力理念，培训无疑是理念渗透和传播的最好方式。但是目前国内几乎没有任何成熟的核安全领导力课程体系，宁德核电领导力建设团队在集团内率先通过磨课、说课、试讲的方式复盘了一系列国际先进的 WANO 核安全领导力课程，并结合电厂实际在课程中加入东方化表述、嵌入超过 50 个本地案例。在 14 人教员团队 3 个月脱产闭关的打磨下，我们拥有了具有宁核特色的本地化领导力课程。此课程开发后在集团管理干部范围内进行了全面的推广。截至当前，领导力课程已在中广核内部开展超 50 期次，宁德核电管理干部培训覆盖率达 100%，见

图 6-1。课程开展期间邀请了来自生态环境部核与辐射安全中心、生态环境部华东核与辐射安全监督站、厦门大学、福清核电等数十家单位的三十余名专家参与了课程的试行，集百家之长，不断地进行课程的优化和推广，目前已形成较为成熟的领导力培训课程体系。除此之外宁核教员团队还辅助核电兄弟单位培养了超 100 名领导力种子教员。该领导力课程被 EDF 专家建议在群厂推广，目前已成为宁核的一大特色名片。通过培训帮助员工理解领导力概念，为员工在工作中践行领导力打下坚实基础。

图 6-1　专家在监督站讲核安全领导力

6.2　挖掘闪光点，让领导力深入人心

为了更好地弘扬领导力，领导力推进小组深入基层，发掘了 100 余个领导力闪光点正面案例，并为员工打造展示自我的“领导力吟亭讲堂”平台（简称“吟亭讲堂”），以讲故事、口口相传这种接地气的方式弘扬领导力、在工作中践行领导力。

“吟亭讲堂”设立的初心是为宁核人讲述属于自己的领导力故事提供平

图 6-2　“吟亭讲堂”讲领导力故事分享者海报

台，鼓励大家在聆听故事的同时，学习理解核安全领导力的内涵，发掘自己身边的领导力闪光故事。2021 年 7 月 6 日，“吟亭讲堂”第一期次核安全领导力故事会开幕，五位优秀员工代表卢奇、胡文皖、江建宁、董正鹏、孙朋依次分享了属于他们的领导力故事，见图 6-2。在故事分享的过程中，频频出现“团队”“较劲”“高标准”“责任担当”等关键词。除培训之外，通过分享进行文化传播使领导力概念在电厂内部深入人心，为领导力建设打下坚实的意识型态基础。

6.3　以领导力为牵引，切实提升电厂安全绩效

领导力理念的渗透对于电厂安全绩效的提升来说仅仅只是迈出了第一步。必须促使管理干部学以致用，在工作中真正实践领导力、弘扬领导力，以不断上升领导力作为牵引，保持电厂绩效长期处于良好水平。

在 2021 年领导力课程铺开之后，根据年终核电管理部调查报告，宁德核电领导力行为在 WANO 定义的领导力五个维度上都体现了实质性提升。

（1）在“树立核安全优先的愿景”方面，宁德公司总经理部经过反复讨论制定宁德核电的愿景：成为令人向往的世界核电运营标杆企业。为了切实推进愿景落地实现，在公司领导将愿景实现计划分为三阶段：在2023年打造国内标杆，2025年做成国际一流，直至2035年最终达成愿景。同时在公司内部反复宣贯，使卓越愿景深入人心。

（2）在“带动员工参与”方面，宁德公司强调“党员带头参与”，建立了党员责任区、党员攻坚队、党员服务队，开展党员身边无偏差活动，同时创新打造出企业党建与生产经营深度融合的“一区两队无偏差”新模式，有效降低了安全隐患，助力宁德核电多个大修实现安全、质量零事件目标。

（3）在“营造信任、合作的氛围”方面，公司领导提出凡事“以工作负责人为中心”理念，同时深入推进“我为群众办实事”“从客户需求出发”在工作中的落地，积极开展了一系列工作切实帮助工作负责人减负增效。除此之外，公司领导层积极下现场与员工在一起，通过一线监督、人因观察辅导更多地发现现场正向事实并予以强化，见图6-3。在领导力理念铺开后，2021年一线监督发现的正向事实较2020年增加了623项、人因观察辅导中正向赞美行为同比提升128%，说明管理层正营造以正向激励为主的文化氛围。

图6-3　领导者在现场做正向强化

（4）在“可持续发展”发展方面，能否激发青年人潜力、形成精益有效的人才梯队是关键。为此宁德公司全面推进做实“三能”改革。所谓“三能”指的是干部能上能下、员工能进能出、薪酬能增能减。目前40岁及以下公司党委管理干部的比例已达65%，实现了管理干部年轻化，以此促进电厂可持续发展。

（5）在“发展领导力”方面，宁德公司完善了年轻干部储备、培养、选拔等全链条管理制度，使用系统化培训方法精准实现人员能力培养，开展全员领导力建设为企业发展打下坚实的人才基础。

在领导力建设的评估改进阶段，宁德核电自主开发了标准领导力评估体系，评估内容包括组织及个人的领导力绩效，找到组织在领导力五个维度上存在的弱项，并针对弱项给出绩效趋势预测及指导性改进建议，以此来完成领导力建设的闭环以及体系的优化、改进。

2021年9月，宁德公司代表中广核集团在核能行业协会上进行了领导力培训体系建设及推广的良好实践分享，在会议中宁德核电的做法被广泛认可，近两来年，宁德公司将积极参与核能行业协会的领导力建设工作，通过跨集团公司开展培训实践、对标、分享，在行业内推广独具中广核特色的系列标准领导力课程和电厂领导力现状评估体系，并在行业内汲取更多良好实践经验，为实现中广核集团及宁德公司持续进行深化改革打下坚实的基础。

第七章　培训评估

7.1　培训有效性评估原则

作为培训从业者，如何证明我们所开展的培训对企业对员工有价值，是一个一直萦绕在培训从业者身边的难题。想要证明培训具有价值，就得对培训做有效性评估，而说到培训评估，自然离不开柯氏四级评估。

1959 年，美国威斯康辛大学管理学院教授唐纳德·柯克帕特里克提出了柯氏四级的评估模型，主要将评估的维度分为四个层次。第一级：学员反应，主要是评估参训学员对培训的喜好程度。第二级：学习，通过参与培训，学员获得了多少应该掌握的知识和技能以及态度改变了多少。第三级：行为改变，学员在多大程度上将培训中所学到的知识和技能应用到工作当中并带来相应的行为改变。第四级：业务结果，培训和相应的后续强化措施在多大程度上达成了所期望的业务结果。唐纳德·柯克帕特里克提出的四个层级对培训开展评估，为培训领域做出了巨大的贡献。后续还有许多专家学者对柯氏四级进行了发展更新，但基本未跳脱出这四级范畴。

柯氏四级评估是国际上运用最为广泛的评估模型，随着我国企业对培训效果评估日益重视，柯氏四级评估模型已成为我国企业培训效果评估的主要标准。无论国内还是国外的企业，培训评估一般只停留在第一、第二层次，普遍缺乏第三、第四层次的评估。而能够有效证明培训是否具有价值的恰恰是第四层次的评估。2007 年唐纳德·柯克帕特里克对他的评估模型做了更新，其中较为重要的是在第一级学员反应层面中新添加了一个相关性的维度。我们虽然很难计算出培训在整个企业生产效率的提高中具体占到了多少的作用，但是如果能确保培训的柯氏一级到三级评估结果达到了预期，即达到了我们想要改变的行为，当培训是跟生产直接关联，而员工行为的改变跟培训直接关联，那么这个行为改变带来的工作产出结果的改良和提升，跟培训自然而然是相关联的。

所以要证明培训的有效性，除了要达到柯氏一级到三级评估要求外，还需要评估培训与业务生产（也就是员工日常工作）是否直接关联。这就得返回到前文所说的系统化培训方法，即对系统化培训方法整个流程的评估。

7.2　系统化培训方法评估环节

系统化培训方法的评估环节如图 7-1 所示，是对前面分析阶段、设计阶段、开发阶段、实施阶段这四个阶段的评估，而不仅是对实施阶段的评估。只有这四个阶段实行到位，才能确保我们所开展得培训是与员工日常工作直接关联。下面就分别对这几个阶段进行评估内容阐述。

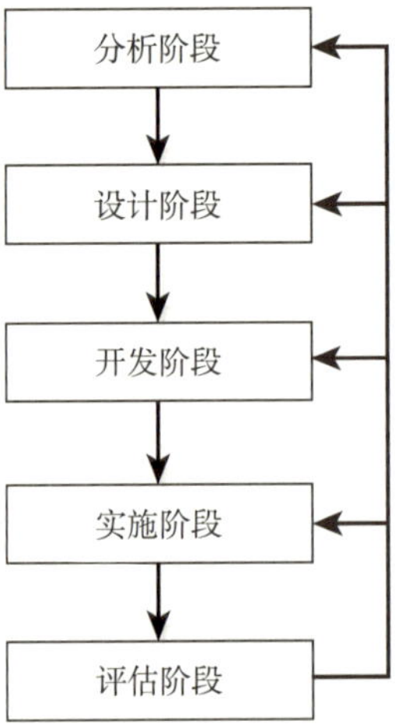

图 7-1　系统化培训方法的评估环节

分析阶段：主要评估的目的为确保员工前面分析的任务领域、任务子项、DIF 打分与员工实际工作是一致。其中主要以访谈多名该岗位员工的方式去验证这个一致性，如可以询问员工日常工作 TOP10 是什么内容，与之前的分析材料进行一一比对。其中分析阶段还考察管理层期望以及发生的培训能力相关的经验反馈是否落实到分析阶段中。该岗位的 TTM 分析出的课程需要包含所有前面分析出来的 KSA。

设计阶段：设计阶段的重要工作是编制培训大纲，培训大纲规定了拿到此岗位的技术授权需要的课程清单，清单应该包含前面 TTM 分析出的该岗位需要的所有课程。所以此阶段需要检查培训大纲是否包含所有 TTM 分析出的课程，以及培训大纲所规定的课程开展方式是否合理。技能类知识点较多的课程应以实操课程或在岗课程为主，而知识点较多的课程则应以课堂授课为主。

开发阶段：开发阶段主要是为了之前分析的员工需要掌握的 KSA 而编制教学文件，评估的重点是检查教学文件有没有完全包含前面所分析的 KSA。宁德核电所规定的教学文件种类有许多，其中部门级的课程主要有课程说明书、考核大纲、题库、PPT/教材这几类。其中课程说明书主要评估里面的 KSA 是否全部涵盖 TTM 分析中这门课程所包含的 KSA 以及 KSA 与分解培训目标是否是一一对应的。考核大纲主要评估考核要点是否覆盖了每个分解培训目标。评估题库主要考核要点中规定的必考项目和一票否决项目是否有在题库中体现，题库题目是否完全按照考核要点出题。PPT 与教材主要考察的是里面的内容是否全部体现了本门课程的 KSA。

实施阶段：实施阶段考察培训课程在开展时是否按照开发阶段所编制的教学文件进行，以及在考核时按照考核大纲实施考核。主要通过听课评估进行考察，听课评估主要设置两个主要维度。第一个为培训目标讲解程度，考察教员是否完整准确讲授教员手册/课程说明书要求的分解培训目标/KSA。第二个为课程考核度，考察出得考核题目是否覆盖一票否决项目和必考项目。另外还有考察学员反应以及课堂纪律和教员教学水平。

评估阶段：作为公司层面的培训有效性评估，设立评估阶段是为了让各部门对自己的培训开展评估，以形成一个自我驱动优化的体系以及提高部门管理者对培训的重视度。评估阶段主要考察了部门管理层对培训领域的巡视频度和质量，管理者对课堂的观察且是否与员工共同参与培训，以及考察各部门对自己开展培训是否有实行的柯氏评估。

整体来说，对系统化培训方法各个环节的评估重点需要抓住从分析阶段开始到实施环节的串联项，即从员工实际工作需求出发分析出的 KSA，到 TTM 分析归纳，到课程，再到写入培训大纲、开发教学文件，最后实施考核和评估。整体要串联起来，用评估来确保其整个链条紧密结合前后相连，而其中不能有任何断连和丢失的部分。当能够确保所有 SAT 环节实施精确无误之后，就能够确保实施给员工的培训就是员工实际工作所需要的，也就是前文所说的培训与生产业务直接相关。

7.3 柯氏评估实施方法

前文分析了如何去确保开展的培训与生产业务直接相关，即对系统化培训方法各个环节的评估。但仅仅有这些还是不足以说明培训产生了价值，因为这些仅能确保开展得培训是员工所需要的且培训正确地开展了，并不能说明员工真正掌握了培训的内容且有运用在实际工作中。为了证明员工真正掌握了培训内容以及实际运用于工作中，至少需要对此培训开展柯氏一级至三级评估。

柯氏一级评估：主要是考察学员的反应，主要是参与度和满意度。如果是公司级课程，教员授课完成后，系统中会自动触发学员满意度评价的邮件，用来评估学员对此课程的满意度和对教员的评价。对于部门级课程，设置了多维度的评估方式，首先要求各部门管理者开展课堂观察，以部门管理者的视角去评估部门级课程的学员反应；其次，各部门开展课程时会有专职教员进行课堂观察，课堂观察的维度中包含了考察学员反应。

柯氏二级评估：主要是考察学员对此课程知识、技能、态度的掌握程度。这一维度的评估基本上是基于培训完成后的考核，考核的形式是多种多样的，主要有笔试考核、口试考核、实操考核、在岗考核这几种主要形式。对各部门的柯氏二级评估，第一是把控各种考核形式出的题目是否符合考核大纲，第二是通过听课评估关注考核过程，第三是去部门现场评估时访谈提问已学习过课程的学员，查看该课程的掌握程度。

柯氏三级评估：主要考察学员行为的转变，即学习掌握的内容有运用于现场。针对这一级的考察主要有 3 种形式，第一是通过学员访谈，访谈学员的运用情况，让学员详细举例说明；第二是访谈学员的主管，收集学员直接主管对其运用情况的评价；第三是开展现场工作观察，直接观察学员在工作中的运用情况。

柯氏四级评估：这里不再赘述。

7.4　评估开展方式

评估周期：以年为单位，对各部门开展评估。

评估小组人员组成：由培训部模拟机教员、综合理论教员、技能与防人因教员、教务管理人员组成评估小组，并邀请专业部门人员共同参与。

评估开展形式：文件检查、问卷调查、员工/主管访谈、听课评估、现场工作观察。

结果展现：以系统化培训方法的五个阶段以及柯氏评估相关内容细化的具体维度，每个维度设立具体分数，最终以百分制的形式展现对各部门的培训有效性评估打分。让各部门能清晰了解自己的培训健康度，并在公司内部形成良性竞争。此外，针对每个部门出具培训评估报告，帮助其优化和改进专项技术培训。

7.5 宁德核电评估历程

宁德核电在2019年以前未使用相关培训评估理念及标准时，主要针对的是各部门的培训材料检查。2019年开始开展培训有效性评估，主要关注点从合法合规性转变成了各部室的培训体系化及员工完成培训后是否掌握及在现场使用。经过三年持续的评估工作和各部门的努力，各部门培训评估平均分数由六十分提升到了八十多分。此评估体系已作为良好实践向WANO以及各核电基地分享推广。

7.6　培训评估标准项目内容与得分

一级维度：1. SAT 分析、设计阶段（参见表 7-1）。

表 7-1　1. SAT 分析、设计阶段标准项目内容与得分

二级维度	指标序号	指标内容	调查方式	分值	打分说明	支撑材料（仅供参考）	数值记录及说明	得分
岗位任务分析与工作一致性	1	访谈得到学员工作中的 TOP3，都被包含到 SAT 的分析中	现场访谈	5	抽查 2 个及以上岗位，访谈得出经常性工作的 TOP3，以及重要性工作的 TOP3，查看是否包含于该岗位的任务领域与子项分析。完全包含得 5 分，[80%，100%）得 2 分，[60%，80%）得 1 分，（0，60%）得 0 分	SAT 分析材料，学员访谈表		
管理层期望	2	管理层期望、改造及变更（造成的培训需求有进行分析）有作为培训需求输入项	对方证明	3	能够证明经理期望有作为分析阶段需求输入项则得 3 分，未纳入 SAT 分析阶段，但能证明有经过分析无需纳入 SAT 分析阶段得 2 分，无法证明为 0 分	大纲、TTM 分析等		
改造变更	3	改造变更是否进行培训分析	对方证明	3	能够证明改造及变更有作为分析阶段需求输入项则得 3 分，未纳入 SAT 分析阶段，但能证明有经过分析无需纳入 SAT 分析阶段得 2 分，无法证明为 0 分	SAT 分析材料，分析过程材料		
	4	需要培训的改造是否正确执行，并达成培训效果	对方证明/访谈	5	1. 能够证明需要培训的改造类项目有开展培训得 2 分； 2. 对已培训过的学员开展评估访谈，查看培训效果，根据培训效果酌情给与 0～3 分	培训签到表、PPT 学员访谈		

续表

二级维度	指标序号	指标内容	调查方式	分值	打分说明	支撑材料（仅供参考）	数值记录及说明	得分
经验反馈输入	5	查找本部门近一年来发生的经验反馈（LOE/IOE/CQ/一线监督/管理巡视），其中反应的部门员工能力缺漏项是否有加入到 SAT 分析阶段（旧版 SAT 未包含，3 个月内更新并发送培训对口人）	对方证明	4	100％纳入得 4 分，［90％，100％）得 3.5 分，［80％，90％）得 3 分，［70％，80％）得 2.5 分，［60％，70％）得 2 分，（60％，0）得 0 分	一线监督/管理巡视/LOE/IOE/CQ，SAT 分析材料		
	6	查找近一年发生的经验反馈，对其涉及到的能力提升相关改进行动进行实质验证	现场访谈	4	随机抽取近一年发生的 LOE/IOE/CQ 中涉及人员能力提升相关改进行动进行验证，访谈验证是否通过培训或宣贯得到能力提升，根据验证结果酌情打 4～0 分（关注新人加入后是否培训宣贯，人员是否全部覆盖）	LOE/IOE	见学员/主管访谈表序号 5 部分	
课程开展方式	7	课程开展方式的合理性（S 技能类课程，K 课堂类）	现场抽查	5	抽查 3 份课程，查看课程的开展方式是否合理（如 S 类一般为实操或者在岗的开展方式，K 一般为课堂的开展方式）。课程开展方式全部合理得 5 分，存在 1～2 门课程开展方式不合理得 3 分，存在 2 门以上开展方式不合理得 0 分			
培训大纲	8	TTM 分析的培训项目必须全部包含在大纲中	自查	5	专业部门提供 TTM 分析过程材料和新版大纲，抽查 3 个岗位，培训项目全部包含得 5 分，有遗漏课程得 0 分，全部包含但课程名或课时以及培训方式等有出入得 3 分	TTM 分析材料和内控大纲		

一级维度：2. SAT 开发阶段（参见表 7-2）。

表 7-2 2. SAT 开发阶段标准项目内容与得分

二级维度	指标序号	指标内容	调查方式	分值	打分说明	支撑材料	数值记录及说明	得分
课程说明书	9	检查课程说明书中的 KSA 是否全部涵盖 TTM 中的 KSA	现场抽查	5	抽查 3 份课程说明书，查看平均 KSA 的覆盖率 100%得 5 分，[98%，100%）得 4.5 分，[90%，98%）得 3 分，(0，90%）得 0 分	3 份课程说明书		
	10	KSA 与分解培训目标对应性	现场抽查	3	现场抽查 3 份课程说明书，查看 KSA 与分解培训目标的对应性，发现有一处不符合扣 1 分，两处扣 2 分			
	11	与培训大纲的一致性审查及规范性审查	现场抽查	2	现场抽查 3 份课程说明书和培训大纲，查看是否符合编写规范，有 1～2 处不符合得 1 分，2 处以上得 0 分	3 份课程说明书和培训大纲		
考核大纲	12	考核要点覆盖每个分解培训目标	现场抽查	5	抽查 3 份部门级课程考核大纲，查看考核要点是否完全覆盖分解培训目标（是否遗漏，是否对应），100% 对应得 5 分，[80%，100%）得 3 分，(0，80%）得 0 分	3 份考核大纲和课程说明书		
	13	与培训大纲的一致性及规范性审查	现场抽查	2	现场抽查 3 份部门级课程考核大纲与培训大纲进行对比，查看其规范性，有 1～2 处不符合得 1 分，2 处以上得 0 分	3 份考核大纲和培训大纲		

续表

二级维度	指标序号	指标内容	调查方式	分值	打分说明	支撑材料	数值记录及说明	得分
题 库	14	考题与考核要点的一致性	现场抽查	5	抽查3份已编写的课程题库，检查每个考点是否有2道题目，必考项和一票否决项是否有5道及以上题目。100%满足得5分，[80%，100%）得3分，（0，80%）得0分			
PPT/教材	15	教材/PPT与知识点的一致性	现场抽查	5	现场抽查三份部门级课程的教材/PPT，查看教材是否涵盖该课程的所有KSA、分解培训目标与考核要点，查看PPT是否涵盖所有KSA。100%满足得5分，[80%，100%）得3分，（0，80%）得0分	三份部门级课程教材/PPT		

一级维度：3. SAT 实施阶段（参见表 7-3）

表 7-3 3. SAT 实施阶段标准项目内容与得分

二级维度	指标序号	指标内容	调查方式	分值	打分说明	支撑材料	数值记录及说明	得分
培训需求调查	16	是否有开展管理层的期望需求调查	对方证明	2	能够证明管理层的期望纳入培训需求，使学员获得相应培训得 2 分，无法证明得 0 分（非 SAT 分析设计，指年度培训开课需求收集）	签到表、培训记录、需求调查表等		
	17	是否有进行员工需求调查	对方证明	2	能够证明有进行员工的培训需求调查得 2 分，无法证明得 0 分（非 SAT 分析设计，指年度培训开课需求收集）	访谈签到表、需求调查表等		
培训计划管理	18	部门级培训计划的完成率	现场抽查	3	查看今年在岗培训计划表，与今年已开展的在岗培训对比，有 1 门课程未开展得 2 分，2 门未开展得 1 分，3 门未开展得 0 分	签到表，在岗培训计划表		
培训实施管理	19	培训目标授课率	听课评估	8	对部门级课程开展听课评估，查看部门级课程的 KSA/分解培训目标的讲授情况。100%满足得 8 分，[80%，100%）得 5 分，[60%，80%）得 3 分，（0，60%）得 0 分	听课评估表		
	20	部门级培训课堂纪律	听课评估	2	对部门级课程开展听课评估，查看部门级课程授课过程中的课堂纪律，出现随意接打电话/交头接耳/迟到等酌情得 0～2 分	听课评估表		

续表

二级维度	指标序号	指标内容	调查方式	分值	打分说明	支撑材料	数值记录及说明	得分
培训考核管理	21	考核方式符合培训大纲要求	现场抽查	3	现场抽查3份考核单，与培训大纲进行对比，完全符合得3分，有不符合得0分	考核单、培训大纲		
	22	考核内容符合考核大纲要求	听课评估＋现场抽查	8	抽查3份考核记录，结合部门级课程的听课评估情况，查看考核内容是否符合考核大纲（包含必考项以及一票否决项），100%满足得8分，[80%，100%）得5分，[60%，80%）得3分，（0，60%）得0分	3份考核记录＋听课评估表		

一级维度：4. SAT 评估阶段（参见表 7-4）。

表 7-4 4. SAT 评估阶段标准项目内容与得分

二级维度	指标序号	指标内容	调查方式	分值	打分说明	支撑材料	数值记录及说明	得分
部门管理层对培训领域的观察与巡视	23	部门经理层对本部门的培训观察与评估	对方证明	4	部门管理层巡视近一年对培训领域的巡视次数大于等于 1 次/季度，+2 分，提出 1 个及以上偏差+1 分，针对偏差提出改进建议+1 分	管理巡视系统		
	24	管理者与员工共同参与培训	对方证明	2	能够证明近一年部门管理层与员工共同参与培训≥2 次，得 2 分，1 次得 1 分，0 次得 0 分（管理层授课与课堂观察除外）	培训签到表、UE 系统等		
	25	部门高级技术岗位及管理干部年度授课分享平均时间	对方证明	2	平均分享课时达到 7 h 得 2 分，小于 7 小时得 0 分	UE 系统记录、培训签到表等		
柯氏二级	26	柯氏二级：通过考核大纲/考核单/试卷，询问已通过考核的学员，查看课程知识掌握情况	现场访谈	6	访谈清单第 1 问，得分＝（答错题数/询问总题数）×6（询问题数 3 道以上，且尽量询问必考项或一票否决项）	考核大纲/考核单/试卷	见学员/主管访谈表序号 3 部分	
历史评估问题的改进与落实情况	27	往年重要整改问题是否重发	现场抽查	5	普通类整改问题重发扣 3 分，其中纸质材料填写规范性问题重发扣 1 分，去年红、黄线问题重发得 0 分	上一年度评估整改单		

7.7 培训评估卓越项目内容及得分

一级维度：1. SAT 分析、设计阶段（参见表 7-5）。

表 7-5 1. SAT 分析、设计阶段卓越项目内容与得分

二级维度	指标序号	指标内容	调查方式	分值	打分说明	支撑材料	数值记录及说明	得分
岗位任务分析与工作一致性	1	SAT 分析包含员工所有工作内容	现场访谈	8	抽查 4 个及以上岗位，访谈查看该岗位的工作内容是否全部包含在岗位任务分析中，100%包含得 8 分，[95%，100%）得 6 分，[0，95%）得 0 分	SAT 分析材料，学员访谈表		
岗位任务分析颗粒度	2	岗位任务分析颗粒度饱满	现场抽查	5	抽查 3 个及以上岗位，颗粒度划分细致且均衡，每个任务子项内容大小相当，数量合理，评估小组酌情打分	SAT 分析材料		
任务子项程度划分	3	员工的任务子项进行 5 级学习程度划分	现场抽查	8	抽查 3 个及以上岗位，查看该岗位员工的任务子项是否进行 5 级学习程度划分。如 1 级听过、2 级记住、3 级理解 、4 级应用、5 级联想，或 1 级学习原理、2 级使用、3 级拆卸、4 级诊断、5 级创新发明。有 5 级划分得 8 分，只有 3 级划分得 5 分，已开展 1 个岗位五级划分试点的得 4 分，三级试点的得 3 分，完全未开展得 0 分	SAT 分析材料		

一级维度：2. SAT 开发阶段（参见表 7-6）。

表 7-6　2. SAT 开发阶段卓越项目内容与得分

二级维度	指标序号	指标内容	调查方式	分值	打分说明	支撑材料	数值记录及说明	得分
教员手册	6	知识点验证	现场抽查	5	抽查 2 份教员手册，包含所有需要掌握的知识点且对于每个知识点，都符合 SMART 标准的预期效果和检验方式。完全符合得 5 分，部分符合酌情得 1～3 分，完全不符合得 0 分	教员手册		
	7	知识点讲解	现场抽查	5	教员手册包含所有需要掌握的知识点且每个知识点讲解时间均为 5～20 分钟，超过 90%的教学活动种类达到 2～3 种。完全符合得 5 分，部分符合酌情得 1-3 分，完全不符合得 0 分	教员手册		
学员手册	8	形式与内容	现场抽查	5	抽查 2 份学员手册，形式多样：至少包含三种形式，例如填空、图画、表格等，学员填空部分为上课关键点且包含课程分解培训目标的所有内容。学员记录方便且易于理解。完全符合得 5 分，部分符合酌情得 1～3 分，完全不符合得 0 分	学员手册		

续表

二级维度	指标序号	指标内容	调查方式	分值	打分说明	支撑材料	数值记录及说明	得分
课程说明书	9	分解培训目标掌握程度划分	现场抽查	5	抽查3份及以上课程说明书，需包含所有KSA且有按照KSA的任务子项来源对分解培训目标掌握程度进行五级划分。如1级听过、2级记住、3级理解、4级应用、5级联想。完全符合5级得5分，完全符合3级得4分，有一份及以上开展划分试点的课程说明书得3分，完全不符合得0分			
考核大纲/题库	10	考核要点与题库题目的掌握程度划分	现场抽查	5	抽查3份部门级考核大纲和题库题目，查看考核要点和题库题目是否依据分解培训目标的5级难易程度要求出题。完全符合5级得5分，完全符合3级得4分，有一份及以上开展划分试点的考核大纲和题库得3分，完全不符合得0分	3份考核大纲和课程说明书		

一级维度：3. SAT 实施阶段（参见表 7-7）。

表 7-7　3. SAT 实施阶段卓越项目内容与得分

二级维度	指标序号	指标内容	调查方式	分值	打分说明	支撑材料	数值记录及说明	得分
培训实施管理	11	100%按教员手册实施	听课评估	8	教员 100%按照教员手册进行讲解。符合一门得 3 分，两门及以上得 6 分，所有评估符合得 8 分	听课评估表		
	12	教学效果	听课评估	5	所有 KSA 讲解清晰形象，教学方法应用多样（2 个及以上）。教员授课富有激情，学员反应热烈，学习兴趣浓厚（课堂一级反应）。听课评估中一名教员推荐得 3 分，2 名教员推荐得 5 分，无教员推荐但听课平均分达到 8 分及以上得 2 分	听课评估表（听课教员推荐）		
培训考核管理	13	考核方式与内容符合考核要点/分解培训目标	听课评估＋现场抽查	8	抽查 3 份及以上考核记录，结合部门级课程的听课评估，查看考核方式是否符合考核要求（如 S 为实操或在岗，K 为问答或笔试等），以及考核题目是否与掌握程度一一对应。完全符合（5 级）得 8 分，符合 3 级得 6 分，有 1 份及以上开展试点的课程/岗位得 4 分。完全不符合得 0 分	3 份考核记录＋听课评估表		
	14	考核不通过率	现场抽查	6	部门级课程考核不通过率为 5%～10%，现场抽查 3 份及以上考核记录。1～2 门符合不通过率得 3 分，3 门及以上符合不通过率得 4 分，所有抽查均符合不通过率得 6 分，不符合不通过率但有挂科情况得 2 分	考核单、培训大纲		

一级维度：4. SAT 评估阶段（参见表 7-8）。

表 7-8　4. SAT 评估阶段卓越项目内容与得分

二级维度	指标序号	指标内容	调查方式	分值	打分说明	支撑材料	数值记录及说明	得分
培训实施管理	15	管理者课堂观察	对方证明	6	能够证明部门管理层近一年开展课程观察每人 2 次+2 分、每人 1 次+1 分，部门主任工平均每人 2 次+2 分，每人 1 次+1 分，科长/值长平均每人 2 次+2 分，每人 1 次+1 分（观察者本身不能为学员和教员，满足了标准项目后额外的培训管理巡视也可以算入）	课堂观察表		
	16	部门经理层分享课时（经理/副经理近一年）	对方证明	3	平均分享课时≥15 课时+3 分，［10，15）课时得 2 分，（7，10）课时得 1 分，小于等于 7 h 得 0 分	UE 系统记录、培训签到表等		
	17	专业部门自主开展柯氏三级评估	对方证明	8	专业部门自主开展柯氏三级评估并设立机制跟踪课程所学的实际运用情况。有 1 门开展三级评估得 3 分，2 门得 5 分，3 门及以上得 8 分	柯氏三级评估跟踪表/报告		
	18	SAT 自评	对方证明	8	制定对 SAT 分析、设计、开发、实施四个阶段的评估标准（上线或经理签字批准），并定期开展评估（至少 1 年 1 次）并形成闭环，对发现的问题制定纠正行动，按期整改避免重发。有制定标准并严格实施得 8 分，有标准，实施阶段存在偏差得 4 分，未开展得 0 分	SAT 自评报告及整改行动		

续表

二级维度	指标序号	指标内容	调查方式	分值	打分说明	支撑材料	数值记录及说明	得分
合作单位培训体系	19	建立合作单位培训体系	对方证明	8	能够证明对合作单位有系统的培训体系并开展培训，对合作单位各工种有不同的培训课程＋2分，且有分析过程＋2分，并有实施培训考核＋2分，和进行授权管控＋2分。	培训签到表，授权书，相关管理规定		

一级维度：5. 卓越加分项（参见表 7-9）。

表 7-9　5. 卓越加分项内容与得分

二级维度	指标序号	指标内容	调查方式	分值	打分说明	支撑材料	数值记录及说明	得分
良好实践	18	如培训体系建设，培训创新等良好实践	对方证明	6	提供的培训方面良好实践（该良好实践以成功运用并获得较好效果）获得评估人员认可，每项加 2 分（一个部门最多 2 项，往期发现的良好实践，今年若有继续实施且有效果每项＋1 分）	良好实践证明		

第八章　人才培养范例

8.1　防人因帮扶

防人因帮扶提升是公司防人因专题组与现场班组之间共建达成的专项人因绩效提升方案。方案以班组绩效周期自评结果为输入，共分为3个阶段：认清现状、凝聚共识、建立文化，建立完整的“诊断—研讨—提升—评估”流程，助力班组打破绩效周期律，形成持续提升的防人因运作机制，追求卓越！

认清现状是打破绩效周期律的第一步，结合共建班组的绩效周期自我评估结果和需求，一支由防人因专题组成员组成的独立诊断团队立即出发，根据共建工作计划深入现场进行为期一周的全面工作观察和访谈，一步步引导班组认清团队现状，并根据“PO&C导则”总结团队最终组织文化问题，见图8-1。

而实践证明跳出绩效周期律的关键是实现团队的凝聚共识。为此帮扶团队组织共建班组通过研讨的方式引导所有班组成员充分发挥自身领导力作用，给出适合本班组的人因绩效提升方案，打造“人人都有领导力”的班组文化，明确班组愿景目标，全员参与建立协作、信任、合作的团队文化，不断发展团队领导力，追求卓越！见图8-2。

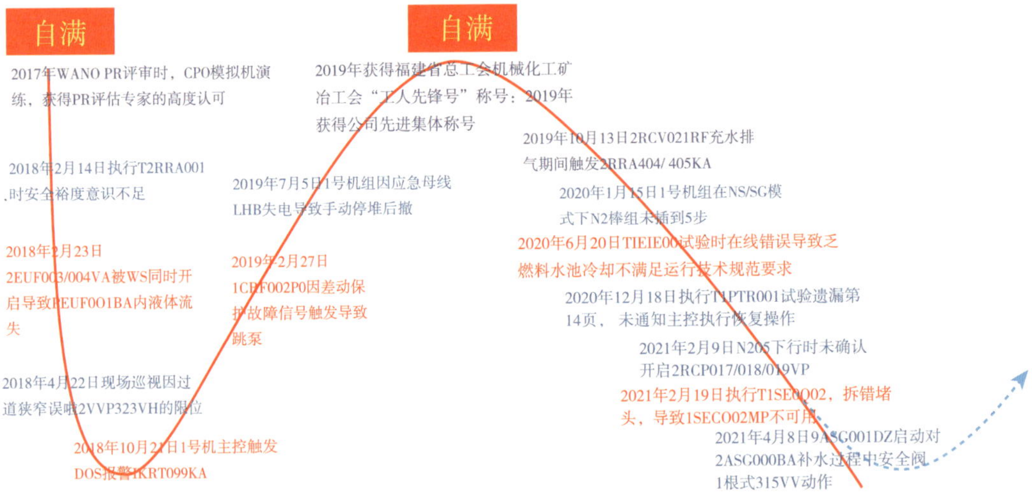

图 8-1　引导班组认清现状

图 8-2　打造班组文化

团队成果的可持续在于团队文化的影响力。防人因帮扶提升方案的独特之处在于在为期一个月的独立帮扶结束之后，共建班组的自我“诊断－研讨－提升－评估”成为了班组的工作日常，形成了完整的自我提升循环，成为了班组追求卓越的车轮，使其不断向前，见图 8-3。

图 8-3　班组工作日常

8.1.1　人因事件分析反馈

防人因教员通过消化吸收来至国内外的良好实践，独立研究开发出完善的人因事件快速根本原因调查与分析手册与纠正行动制定指南，见图 8-4，并基于次方法论配套开发便捷实用的人因事件快速根本原因调查与分析软件，提供现场实用，以便于精准、快速、便捷地定位人因事件根本原因，并给出精确的改进建议，做到人因事件改进可闭环可跟踪，防止事件重发。

图 8-4　人因事件快速根本原因分析

8.1.2　人因事件快速根本原因调查与分析

人因事件根本原因调查与分析手册共包含 3 部分内容：事件调查访谈问题清单、触发事件该分析流程及数据库、组织与制度分析流程及数据库。旨在通过 22 个开放式访谈问题和具体问题引导和发掘出事件的详细时序，并准确定位事件的触发事件和失效屏障，定位出可能存在问题的组织与制度的失效屏障，并在组织与制度常见数据库中准确找到公司管理上的隐性问题，制定相应的改进措施。

纠正行动制定指南是从公司完善的七大屏障入手，分为 7 各部分：培训授权、工作指导、程序、沟通决策、人因工程、管理系统和质量控制，对经过分析手册得出的始发事件分析结果给出具体的改进思路建议。

此外防人因教员还作为公司人因事件独立调查与分析专家团队，公司 A/B 级或关注人因事件进行独立调查，并编写独立分析报告。并对各专业经验反馈工程师进行人因事件调查培训，每人对接口的专业部门进行事件调查支持与辅导。同时防人因教员公司 PNSC、CARB、CACG 委员，积极参与对公司各种类与层级事件进行审查，并给出改进建议。

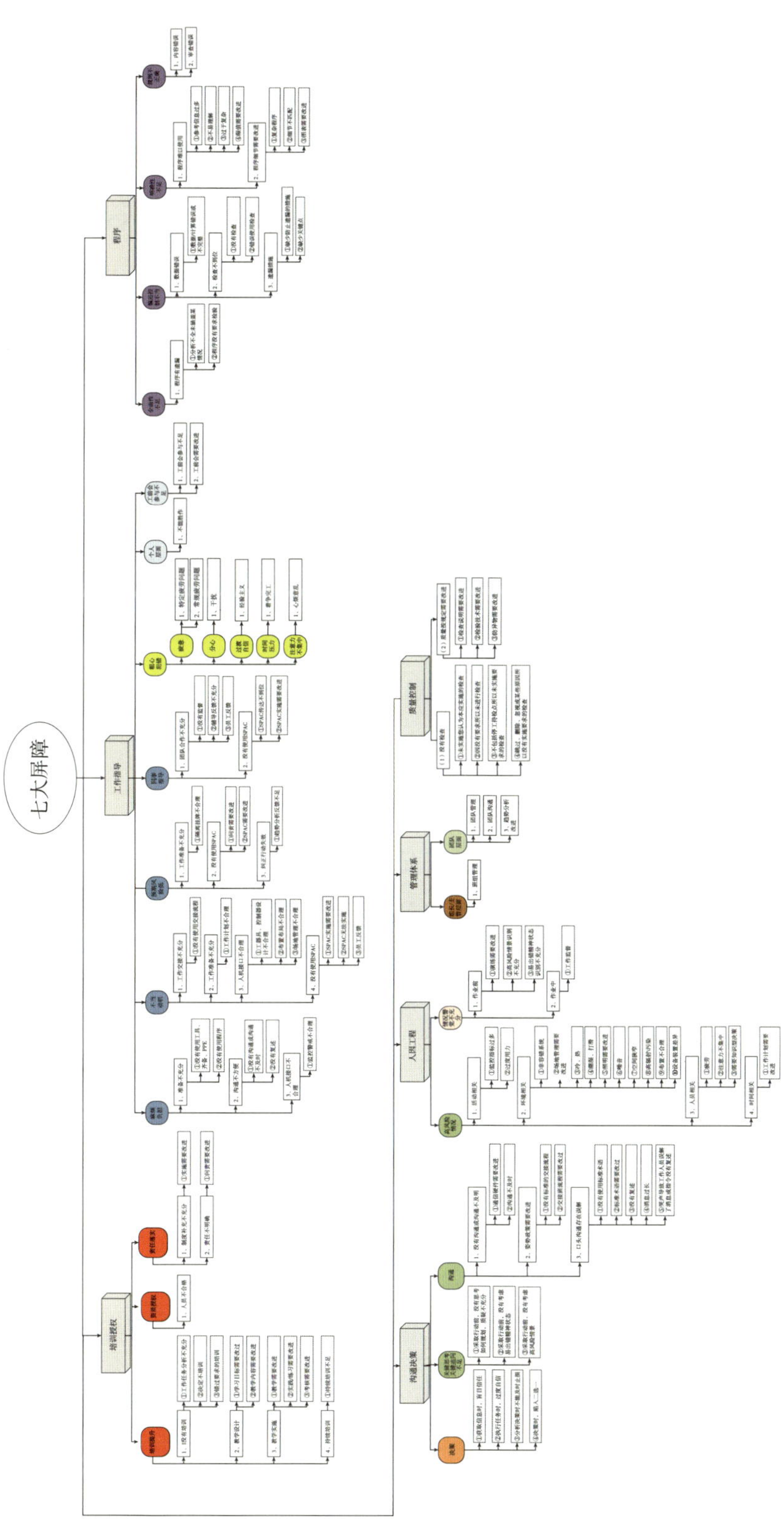

图8-5 七大屏障

（2）培训相关纠正行动有效性评估

为了提高培训的准确性，提升培训价值，防人因培训教员独立研究开发出培训相关纠正行动有效性的 5 步评估法，见图 8-6 以纠正现场事件培训相关纠正行动存在的偏差，并根据评估结果的 KSA 分析，真实、精确地提高现场人员缺失的知识和技能。

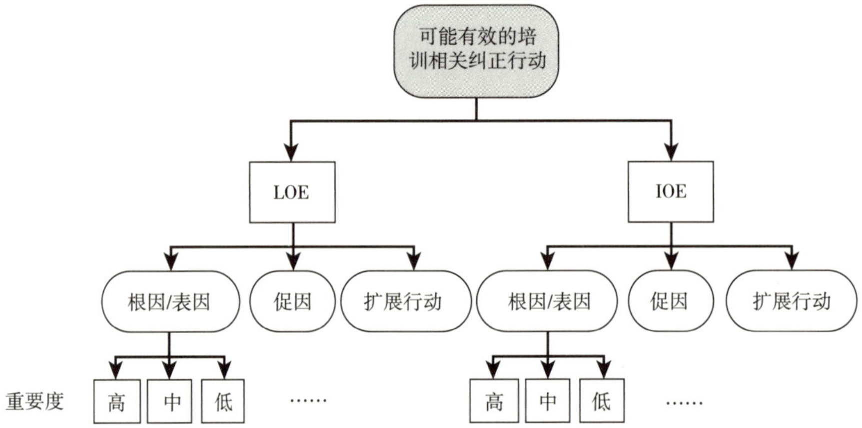

图 8-6　纠正行动有效性有效性评估流程

培训相关纠正行动有效性的 5 步评估法，主要采用各部门自评、跨部门交叉互评和第三方独立评估相结合的评估方式，依靠 5 个关键问题对其进行验证，帮助电厂建立完善的电厂事件培训相关有效纠正行动数据库，见图 8-7。

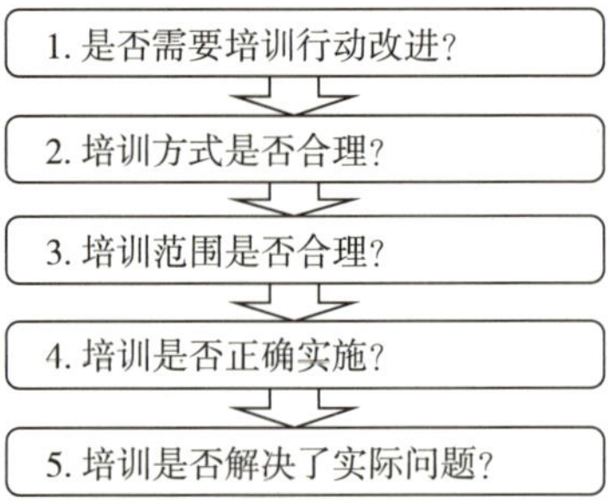

图 8-7　纠正行动有效性五步评估法

（3）防人因改进数据库

为了及时跟踪现场工作实时状态，诊断现场工作人因绩效偏差，宁德核电防人因工作小组实时抓取现场多维度人因绩效监控数据，建立了防人因改进的数据库。通过收集课堂观察、现场各级巡视观察偏差及经验反馈等信息，从 2018 年至 2021 年 6 月，共筛选出 80 余项典型人因案例应用至防人因培训，确保各项反馈与能力弱项及时得以改进，见图 8-8。

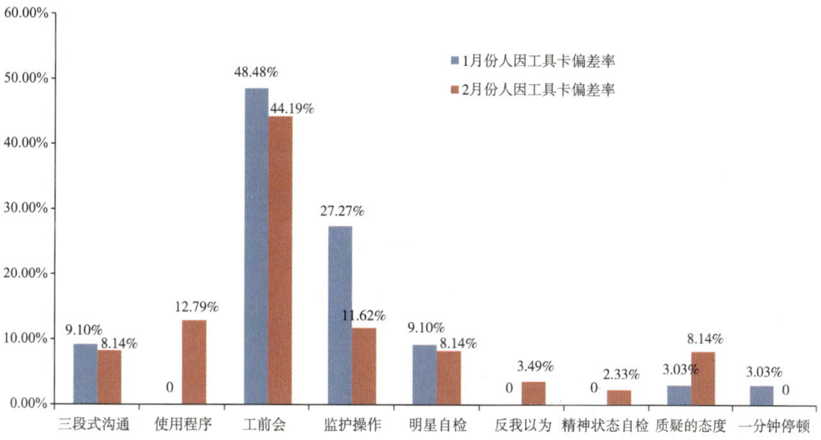

图 8-8 防人因改进数据分析

8.1.3 技防措施创新实践总结

根据现场实际情况与经验反馈，实施了多样化的技防手段，有效的降低了人因事件的发生。实施了多样化的防人因技防措施，如现场标牌二维码化、机组旋转门上设置防走错间隔按钮、开发配电盘防人因“隔离布”工具、开发防走错间隔 Flag 标签、化学操作系统登录密码增设机组号等，在这些方法推广应用后，电厂走错间隔的事件数量由 2016 的 9 起降至近年来的 1～2 起或没有。采用多样化的防误碰技防手段，例如：对管径≤60.3 mm 手柄球阀加装闭锁装置，对易误碰阀门采取阀门改型、拆除手柄、加装堵头等方式，对控制箱启停、应急按钮、选择开关、电气开关、限位开关等加装防护罩，对检修设备的带电端子开发防人因“隔离带”工具等，参见图 8-9

～图 8-11，截至目前现场已完成 2406 项易误碰点改造。并在关键厂房和路径上使用无线监控技术实现现场作业可视化管控，目前现场已布置 50 个固定摄像头和 190 个移动摄像头。

图 8-9　防走错间隔措施

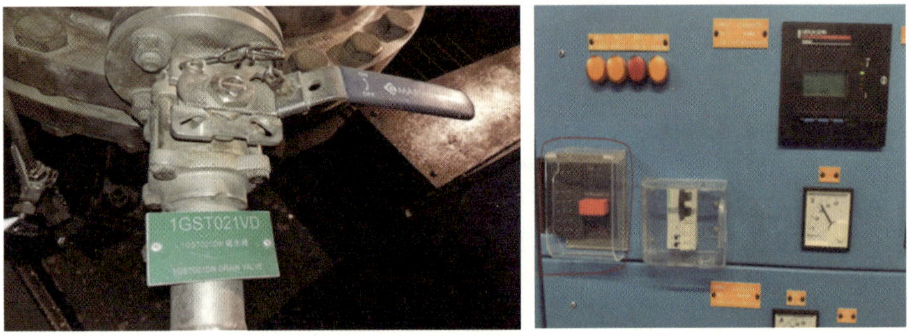

图 8-10　防误碰措施

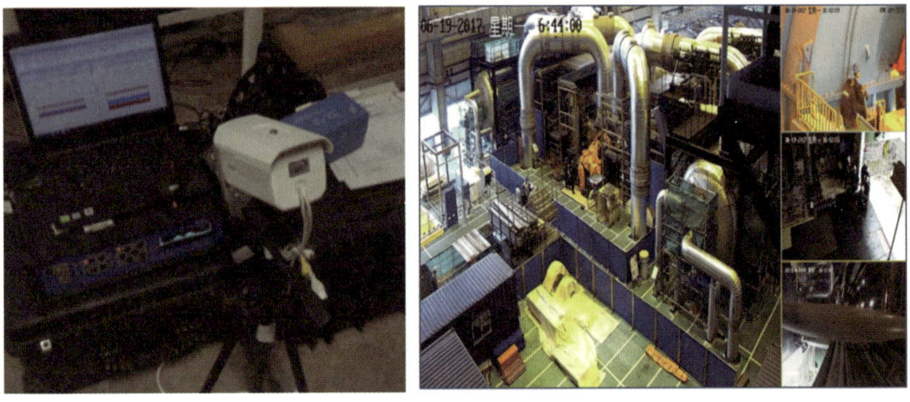

图 8-11　现场作业可视化管控

8.2 知识体系建设与分享

8.2.1 系统化的碎片式学习

当今职场中，每个人随时都可能被打扰，再加上成人学习的特点，很难保持注意力长期集中。然而，碎片化学习的弊端也是显而易见的。比如，上班路上听着喜马拉雅，工作的间歇刷着微课，下班的路上听着英语，碎片化的时间使用得很充分，好像学了很多知识，但又似乎没什么有用的。

碎片化已经是一个趋势，无论我们是否愿意，无论它是否完美，我们都必须适应这种学习方式。

为了更好地开展碎片化学习，公司编制了知识卡片。知识卡片不是一盘散沙，而是一幢高楼的砖块。这些知识卡的编制分三个步骤。

第一，设计学习目标。这个目标是确定一套卡片可以带给员工什么结果。以《剖解 80 题，玩转核物理》一书为例，书中共包含 80 张卡片，学完之后可以应对考试。

第二，建立知识体系框架。这一步至关重要。体系框架不能靠学员自己去构建，而是由经验丰富的教员或老师傅来搭建。同样以《剖解 80 题，玩转核物理》一书为例，扉页的核物理知识地图便是由资深核物理教员设计的，见图 8-12。

第三，各个知识点的解析。知识点颗粒度的切分尤为重要，如 30 分钟左右完成知识输入到举一反三。形式上可以采取喜闻乐见的多媒体形式，如长图、微视频等，见图 8-13。

对于每一个【考点】，第一步，映入眼帘的会是一道【例题】，希望员工先算一算，员工不会做也没有关系，只需在适当位置记下当时的心路历程或疑惑点。第二步，学习【考点解读】，在阅读的过程中，要员工着重揣摩自

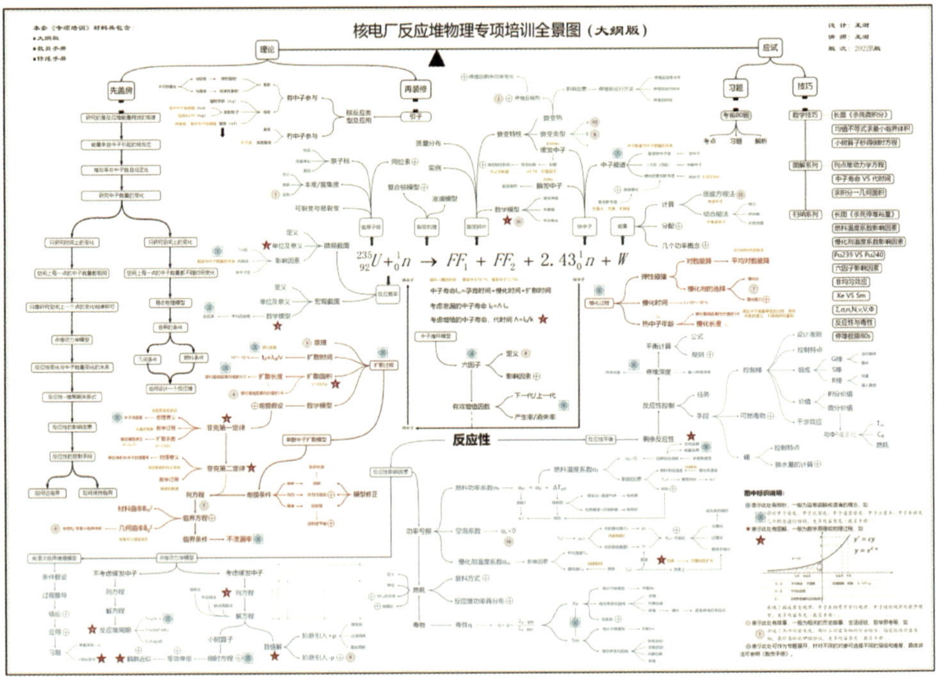

图 8-12　知识全景图

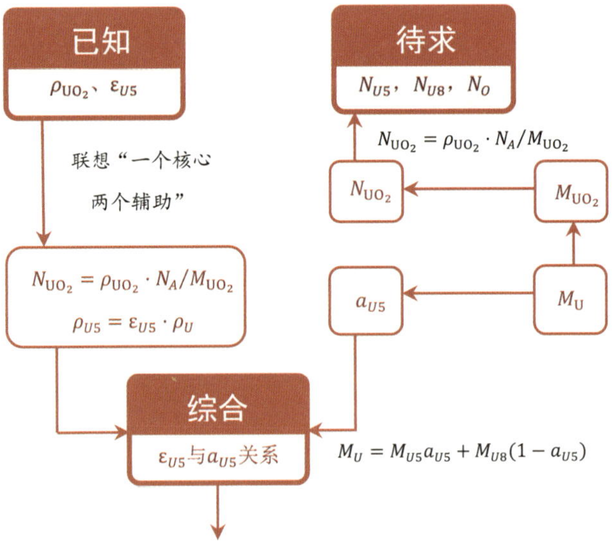

$$a_{U5}=\frac{N_{U5}}{N_{U5}+N_{U8}}=\frac{1}{1+\dfrac{N_{U8}}{N_{U5}}}=\frac{1}{1+\dfrac{\varepsilon_{U8}/M_{U8}}{\varepsilon_{U5}/M_{U5}}}=\frac{1}{1+\dfrac{M_{U5}}{M_{U8}}\cdot\dfrac{1-\varepsilon_{U5}}{\varepsilon_{U5}}}$$

不需要背，借助核心和辅助式很容易推导

图 8-13　各个知识点的解析

己陌生的部分。这部分学习完之后，如果之前没有解出例题，此时可以再尝试一次。第三步，阅读【思路还原】部分，如果经过前两步还是没能解出来，那这一部分便至关重要了。第四步，当员工踏踏实实地完成前面三步之后，便可以看一看完整的【参考答案】。

为了检验知识点的掌握情况，还要进行第五步【举一反三】，员工会看到更多类似的练习题。它们往往与例题有着相同的思路，或许稍稍复杂一点点。如果练习题做不出来，员工应先不要着急翻看答案，而是回过头再看一看【考点解读】和【思路还原】。如果员工还是解不出来，可以请教核物理教员，由他帮助打通思路。员工应尽量不要先看答案，避免丧失一次学会的机会。最后，根据【学会标准】的描述，员工可以简单评估自己对该考点的掌握情况。

8.2.2 即时培训知识卡

即时培训知识卡是 2021 年引入的一种快速、精要的培训形式。它主要以简洁、快速、深入的特点将工作实践、培训行为中需要即时培训的知识，以知识卡的形式表现出来，通过邮件、钉钉等即时通讯软件使学员进行自主培训，并选择性进行考核的过程，以强化、获得相关知识，达到即时培训的目的。

它来源于系统化培训方法（SAT）中的评估和反馈。SAT 中的评估和反馈主要是指培训中的五个阶段行为，这属于系统化的培训阶段，需要一定的周期。如果考虑培训的即时性因素，可能是不足够的，所以这个评估和反馈的范围需要扩大到工作实践。评估和反馈主要包括在工作实践、培训行为等反馈出来的需要即时培训的知识点。它主要体现了在即时培训的意义，弥补培训周期不能覆盖的情况以及强化和改进弱项知识的掌握情况。

（1）知识卡的形式

知识卡片一般不超过 2 页纸，体现精要和快速学习的便利性和易学性，如有特殊需要可以额外附带说明材料。即时培训知识卡包括蓝卡和红卡。蓝卡为用于培训，广泛发布给需求人员的知识卡，用于知识的培训；红卡为测试卡，用于可能需要的知识测试，以检验人员掌握情况和培训效果。

知识蓝卡一般包括下列元素：主题、原理介绍、风险控制、详细逻辑、关键要点、应用场景、经验反馈。图 8-14 为一张知识蓝卡的范例。

知识卡

主题：RPB030 试验时 RPB621KC 控制 EAS146VR 原理知识卡

编号：YXK-EAS-001

原理介绍

EAS146VR 在 RPB621KC 置于 TEST 时关闭，开始计时，到五分钟后阀门自动开启。

如果在置 TEST 后五分钟内 EAS146VR 未开启时将 RPB621KC 置于 RESET 位置，则计时器前信号变为 0，EAS146VR 不会接收到开启信号。

要使 EAS146VR 开启，需由 RPB621KC 再发出一次 TEST 信号，重新开始计时，五分钟后开启。

详细逻辑

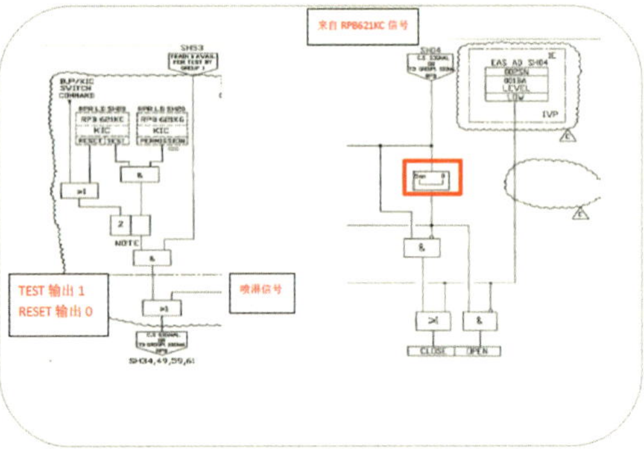

关键要点

1. RPB621KC 置 TEST，EAS146VR 关闭，五分钟后开启；
2. RPB621KC 置 RESET，计时器前输入为 0，延时开启信号失效，阀门不会开启；
3. RPB621KC 重新置 TEST，EAS146VR 接收到关闭信号，计时器重新计时，五分钟后阀门开启。

经验反馈

F-IOEN-2-20210001：执行 T2RPB030 试验时提前复位导致 F2EAS146VR 未按预期动作

2021 年 3 月 10 日按计划执行 T2RPB030 试验，主控操纵员在核实 2EAS002PO/2RRI002PO 启动/2EAS146VR 关闭的正常动作后，按程序及相关逻辑，正常情况下 2EAS146VR 会在 5min 后重新开启，然后再复位 2RPB621KC。由于操纵员对逻辑理解存在偏差，误以为 2EAS146VR 已接收到信号，如果提前复位 2RPB621KC 不会对 5min 之后开启的信号产生影响；为了缩短 2LHQ 柴油机不可用的时间，主控操纵员将 2RPB621KC 复位。主控操纵员发现 2EAS146VR 未按预期正常开启，立即通知值长/机组长，暂停相关工作。

值长立即组织讨论与风险分析，确认当前相关设备处于安全稳定状态。查询相关逻辑，确认重新将 2RPB621KC 置“TEST”不会导致相关设备误动作，只会触发 2EAS146VR 的立即关闭与 5min 之后的重新开启信号。经值长同意，操纵员重新将 2RPB621KC 置“TEST”，2EAS146VR 按预期立即关闭、5min 之后正常重新开启，2EAS002PO/2RRI002PO 处于正常稳定运行状态。

版本：REV-A　　编写：张明　　校核：陈林华

本知识卡作为宁德核电知识学习参考资料，若有疑问请反馈给编者。

NDNP-OTD

图 8-14　知识蓝卡

知识卡的包含元素较为固定，又有一定的选择性，根据作者编制的知识卡的出发点来选择不同的元素，达到特定的培训目标。

知识红卡的主要目的是进行可能的人员知识测试，主要为 3～5 个测试题，用于检测知识掌握程度。图 8-15 为一张知识红卡的范例。

图 8-15　知识红卡

（2）知识卡的运营

知识卡是否需要编写，需要考虑多方面的需求：管理层的期望、工作人员的需求、培训的需求、经验反馈知识点等，所以需要专门设置人员来对知识卡编写需求进行识别。设置知识卡的触发条件，进行编写需求统计。

触发条件（什么情况下需要编写知识卡）：

· 管理者所认为需要及时培训的知识点；

· 经验反馈中体现了共性知识薄弱项的复杂知识点；

· 现场人员，如运行人员反馈出的较为难以掌握的共性问题；

· 培训中，学员、教员反馈的具有共性问题的知识点；

· 改造项目中具有培训意义的项目；

· 一些需要反馈的培训专题项目；

· 其他。

知识卡的需求形成后，需要挑选专门的人员——对相关知识有所研究的人员进行编写、审查，以保证知识卡的知识简洁度和知识深度。

知识卡的发布对象，一般在知识卡编写需求时已经识别，通过即时的通讯方式，如邮件、钉钉等正式渠道发布给需求人员。

知识卡的反馈，知识卡的红卡为测试卡，根据需要传递给部门、值、科等管理机构或者培训部门根据需要进行知识卡的红卡测试，已检验培训效果。

8.3 教员能力提升

过去一个行业的生命周期大约为 30 年，从产品研发、供应链建立到品牌塑造需要一段漫长的孕育期。当今，随着 VUCA 时代的到来，外部环境急剧变化，颠覆式创新机会对四平八稳的行业现状冲击越来越大。人才日益成为一个企业在市场竞争中立于不败之地的第一资源。不断发展员工能力，满足员工对岗位胜任力的全面需求，成为绝大多数企业常设的战略目标，而培训成实现这一战略目标的有力助手。

让培训呈现更大价值，优秀的师资体系和师资队伍功不可没，他们不仅能够因地制宜地提升员工能力水平，确保人才发展的延续性和稳定性，而且相比依托外部培训资源，内训师力量的崛起和壮大可以利用较低的投入助推企业高质量地发展。

宁德公司秉承“用优秀的人培养更加优秀的人”的理念，在教员能力提升上，有着诸多的良好实践，以下将从师资体系的搭建、专兼职教员的激励、专兼职教员的培养三个方面展开说明。

（1）师资体系的搭建

在宁德公司九大课程体系[①]中，模拟机培训、防人因培训、技术理论培训的授课期次多且对教员的专业要求水平高，安全质量培训、专项技术培训设计的知识范围广且授课时间零散，为了更好服务于人才培养工作，根据授课内容的不同，宁德公司将师资分为技术理论教员和管理内训师；根据教员岗位属性的不同，将师资分为专职教员、兼职教员、外部教员。

专职教员属于培训部正式员工，包括模拟机教员、技术理论教员、技能及防人因教员。兼职教员分属于各专业部门，也包括管理内训师和特约教员在内，主要负责安全质量培训、专项技术培训、管理培训、党务培训等。外部教员包括集团内兄弟单位教员、合作伙伴教员以及社会机构的师资。

宁德公司明确了师资的选用要求和发展路径。除模拟机教员外，大部分专职教员的选拔从校园招聘开始就已完成，也有少数是从专业岗位转岗而来，主要考察转岗员工的专业能力、语言表达能力和控场应变能力。模拟机教员除了要求专业对口外，还要求至少持有或曾持有操纵员或高级操纵员执照。此外，专职教员还要遵循“培训—考核—授权—上岗”的原则，在拿到相关模块的培训授权后，方可走上讲台讲课。

① 模拟机教员培训授权

通过对模拟机教研室岗位工作任务和能力需求进行分析，梳理出模拟机教员必须掌握的相关知识和教员基本技能，再根据对初级、中级、高级模拟机教员的不同能力要求，结合培训内容，确定模拟机教员为获得岗位技术授权需要完成的培训项目/课程。学习模拟机教员在具备了应有的课程授权和在岗培训后，需要参加相应级别的岗位技术授权考核，只有通过考核的人员才能给予相应级别的模拟机教员技术授权。

① 九大课程体系包括：模拟机培训、技能培训、防人因培训、技术理论培训、专项技术培训、安全质量培训、管理培训、党务培训、临时性培训。

在获得模拟机教员授权后，模拟机教员通过多基地交流，参与执照人员复训，参加教员能力提升课程，下现场观摩等方式保持并提高教员能力。

② 综合教员培训授权

综合培训教研室新进员工经过入职相关基础培训和在岗实践后，进行综合培训见习教员岗位技术授权考核，如考核通过将获得综合培训见习教员岗位技术授权；以此流程，经过相应岗位培训、在岗实践和具备了应有的课程授权，技术授权考核通过后，将依次获得综合培训初级教员、综合培训中级一级教员、综合培训中级二级教员、综合培训高级一级教员、综合培训高级二级教员岗位技术授权。对于社聘及转岗员工，应进适应性培训，并考核合格后，方可获得相应岗位技术授权。

③ 技能教员培训授权

技能教员必须熟练掌握核电站的系统与设备相关知识、电站运行基本原理、预防人因失误理论、教学法等的相关知识与能力，能够承担相应技能课程的教学任务和技能培训管理的职责。

通过对技能管理序列岗位工作任务和能力要求进行分析，梳理出技能教员必须掌握的相关知识和教员基本技能，再根据对见习、初级、中级一级、中级二级、高级教员的不同能力要求，结合培训内容，确定技能教员为获得岗位技术授权需要完成的培训项目/课程，教员在具备了应有的课程授权和在岗培训后，需要参加相应级别的岗位技术授权考核，只有通过考核的人员才能给予相应级别的岗位技术授权。

④ 兼职教员及特约教员培训授权

兼职教员及特约教员由各部门选拔合适的员工推荐给培训部。其中，聘任兼职及特约教员的人员需具备 5 年及以上本专业工作经验或 2 年及以上本专业核电厂工作经验；基础知识扎实，精通所教学科的专业知识和技能；热心培训工作，具有较强的学习能力和语言表达能力。

此外，兼职及特约教员的职责还包括能有效识别现场培训需求，根据需求进行培训设计，按培训部门要求开发培训课程或培训设施，并实施授课；

根据培训部门要求编制和提供标准的教学文件；根据公司培训工作的要求，按要求完成教学任务；教学期间遵守培训部门制定的教学行为规范要求；根据现场培训实际情况变化、学员培训反馈及培训部门教学评估要求持续改进教学活动、升版教学文件。

符合条件的学员，经过《兼职教员授权培训》并通过认证后，才能进行聘任。

（2）专兼职教员的激励

近年来，随着企业自主培训的大规模开展，培训过程中暴露的问题也日益突出，比如部分教员关起门来做培训，缺乏与行业外的深入交流和对标；或者过度关注柯氏一级二级指标（消耗型衡量指标），忽略或放弃追求三级四级指标（影响力指标）。此外，也有不少人缺乏自我提升的意愿和方法，在岗位上反刍经验、啃老本，培训思维固化，知识更新不足，无法满足员工发展的需求。

如何提升教员授课和自我发展动机，激励措施显得无比重要。宁德公司对师资的激励手段主要通过四个方面来实现，一是积分管理，二是津贴管理，三是评优表彰，四是提供发展机会。本节主要讲前三个方面，提供发展机会将放到“专兼职教员的培养”部分说明。

① 积分管理

宁德公司遵循中广核党校制定的年度集团教员积分方案，对进入师资库的教员进行积分管理。其中教员积分事件及分值规定见表 8-1。

表 8-1　教员积分事件及分值

序号	积分类别	积分事件	子项	分值	说明
1	分享授课	授课	公司内部授课	1 分/学时	学时数按实际授课时数计，且要求学员满意度不低于 80%；1 学时定义为授课时间（包括课间休息）1 小时，本方案其他积分事件学时定义同此标准；同一积分事件如果适用于若干积分子项，选取分值最高子项录入积分
			公司外部授课	2 分/学时	
			担任教员导师授课	2 分/学时	
			授课及作业辅导	2.5 分/学时	
			公司内部外语授课	2 分/学时	
			公司外部外语授课	3 分/学时	

续表

序号	积分类别	积分事件	子项	分值	说明
2	课程建设	开发课程	开发面授课程	A 级：25 分/学时； B 级：20 分/学时； C 级：15 分/学时； D 级：5 分/学时	学时数按所开发课程的课时数计； 面授加实操类课程，实操部分仅计算老师演练、示范部分学时； 开发课程等级由培训管理部门按照开发课程等级评审标准
			开发网络课程	A 类：10 分/5 分钟； B 类：7 分/5 分钟； C 类：3 分/5 分钟； D 类：2 分/个	按所开发课程的课时/个数计。其中 A、B、C 类课程按每 5 分钟为单位计算，不足 5 分钟部分按照 5 分钟计算；D 类课程按个数计算； A 类：情景动画（有场景设计）、3D 模拟类课程，要求投入使用并且使用人次数≥200，每课程申请积分不超过 40 分； B 类：图文动画类（有配音）类课程，要求投入使用并且使用人次数≥150，每课程申请积分不超过 40 分； C 类：三分屏类课程，要求投入使用并且使用人次数≥100，每课程申请积分不超过 40 分； D 类：简单图文类（无配音）课程，要求投入使用并且使用人次数≥100； 网络课程内容升版按照开发网络课程申请积分
		课程升版	课程升版	A 级：15 分/学时； B 级：10 分/学时； C 级：5 分/学时； D 级：2 分/学时	适用于面授课程升版、教学案例更新；学时数按所升版课程的课时数计。 A 级：课程更新的内容占该课程内容的 70%及以上且升版后开课期数≥5 期； B 级：课程更新的内容占该课程内容的［40%，70%）且升版后开课期数≥4 期； C 级：课程更新的内容占该课程内容的［20%，40%）且升版后开课期数≥3 期； D 级：课程更新的内容占该课程内容的 20%以下且升版后开课期数≥1 期

续表

<table>
<tr><th>序号</th><th>积分类别</th><th>积分事件</th><th>子项</th><th>分值</th><th>说明</th></tr>
<tr><td rowspan="3">2</td><td rowspan="3">课程建设</td><td>开发考题</td><td>开发考题</td><td>0.15 分/题</td><td>题数按编写试题数量计</td></tr>
<tr><td rowspan="2">教材教具</td><td>开发教学设施</td><td>A 级：40 分/个；
B 级：30 分/个；
C 级：20 分/个；
D 级：10 分/个</td><td>按开发的教学设施个数计算，同类型设施仅计算一个</td></tr>
<tr><td>翻译教学材料</td><td>0.5 分/千字</td><td>按翻译字数算，字数不足 1000 字的，以 0.05 分/100 字计算</td></tr>
<tr><td rowspan="2">3</td><td rowspan="2">辅导</td><td>教练辅导</td><td>教练辅导</td><td>1 分/学时</td><td>需通过党校组织的教练资格认证；
学时数按实际辅导时数计</td></tr>
<tr><td>教员培养辅导</td><td>教员培养辅导</td><td>1 分/学时</td><td>学时数按实际辅导时数计</td></tr>
<tr><td rowspan="2">4</td><td rowspan="2">其他</td><td>催化或引导研讨会</td><td>主持催化或引导</td><td>2 分/学时</td><td>学时数按实际催化或引导时数计</td></tr>
<tr><td>教学评审</td><td>担任评委或考官</td><td>1 分/学时</td><td>限于培训部门安排，非培训部门安排的需事先报请批准；
学时数由培训部门按教员实际参加评审学时数认定；
范围仅限于担任教员资质考评、教员课程授权考评、学习成果汇报考评、培训成熟度评估、课程评审、人才培养表彰评审、培训相关技能竞赛评审、课程考试评委或考官</td></tr>
</table>

教员可以累积积分，参加铜牌教员、银牌教员、金牌教员和钻石教员认证，根据认证等级将会获得不同程度的奖金激励。教员积分也有标准值要求，低于标准值，将无资格申请对应资质和续牌，见表 8-2。

表 8-2　教员积分标准

教员	资质等级	基本工作量	年度积分标准值			说明
			技术理论培训领域	技能培训领域	模拟机培训领域	
专职	金牌	300	550	550	700	教员申请资质和续牌，除满足积分标准值要求外，还需要满足对应积分下限值要求
	银牌	300	500	500	600	
	铜牌	300	450	450	550	
兼职	金牌	不适用	230			
	银牌	不适用	170			
	铜牌	不适用	90			

② 津贴管理

为鼓励具有丰富经验的员工在完成本职工作的同时作为兼职培训工作者从事电站相关培训教学工作，对其所从事的培训工作、培训支持工作以及在业余时间所付出的额外劳动将给予适当的培训津贴。费用标准如下：

· 教学文件开发费用

公司级课程、部门级课程各选取 20％教学文件作为优秀教学文件，费用标准见表 2-3。其中，部门级课程只对优秀教学文件发放。

表 8-3　教学文件开发费

类别	公司级课程	部门级课程
优秀教学文件	100 元/课时	课堂培训 200 元/门 其他类培训 100 元/门
其余教学文件	50 元/课时	不发放

· 网络课程开发费用

公司级网络课程开发按表 8-4 所示标准发放，部门级网络课程开发由部门推选 20％进行发放。

表 8-4 网络课程开发费

类别	费用标准	说明
录制视频类网络课程	25 元/课时	在原有教学文件基础上录制视频
自制类网络课程	50 元/课时	课程是原创性； 需要编制教员手册或脚本； 课程 50%以上内容需要教员； 进行剪辑、动作编制、编辑等

· 教员授课费用

培训部每季度组织评选优秀专兼职培训教员，名额总共不超过 10 名。获评季度优秀的兼职教员，当季度授课费按标准值的 3 倍发放，其余非专职教员授课费按标准值发放。

授课费标准值：根据年度授课费用总额（当年“培训费用总额”减去“教学文件开发费用、网络课程开发费用、师带徒费用”后的额度）与当年实际授课总量进行测算。

③ 评优表彰

公司每年举办培训表彰大会，对年度优秀培训团队和个人给予表彰，其中包括对最佳培训教员的评选和表彰，评选标准见表 8-5。

表 8-5 优秀专兼职教员年度评选打分标准

类别	具体标准	基础分	评分	备注
基本要求	年度学员满意度≥90%	/	/	
	教学文件满足程序要求完整	/	/	
	教员无迟到、缺岗情况发生，无学员投诉，课堂安全责任事故为零	/	//	
加分项	教学负荷量≥15 h/教学年	80		
	获得优秀教员称号，+2 分/次	0		
	参加教员教学技能类比赛，公司级+3 分/次，获得公司前三名额外+6 分；代表公司参加集团比赛+6 分/次，获得前六名额外+12 分	0		
	积极承担集团、公司额外统一教学开发工作，+3 分/次	0		
	积极反馈教学建议给培训部，得到推广并产生良好效果，+2 分/条有效建议，最多不超过 10 分	0		

续表

类别	具体标准	基础分	评分	备注
扣分项	抽查发现课堂出现学员违反课堂纪律，教员无制止及提醒行为，－2 分/次	10		扣完为止
	为按时递交课后材料，如完成评分试卷、课后评价单等，－2 分/次	10		扣完为止
		总分：		

（3）专兼职教员的培养

在“技术能力与教学能力两条腿走路”的背景下，教员的培养既重视教学理论与技巧的积累，也关注与业务的高度交叉，呈现出了多样化的培养方式。

① 全面参与师范类培训

教员发展的基础是提升心理品质和教学行为，前者包括教学能力、个性品质和教学效能感，后者包括关键行为及辅助行为。与国内职业教师相比，企业教员缺乏系统的理论学习。据此，公司在继承核电教员培养传统的同时，以师范生培养为蓝本，前往南京师范大学进修学习，并邀请北京师范大学导师、北京大学教育学博士后先后来公司开展教育心理学、教育学、行为心理学等课程，见图 8-16。

图 8-16　北京师范大学老师在讲授《教育心理学》

② 专职教员现场实习

为了让培训更好地融入生产、引领生产，培训部教员定期参加现场实习和辅导，如模拟机教员每年对值长、机组长、操纵员现场观察学习 10 次，模拟机教员参与内外基地运行倒班，防人因教员通过防人因监督深入现场工作。

教员下现场不仅为了学习，还要帮助解决现场实际问题，提升培训的信度和效度。如防人因教员在深入现场工作时，基于现场观察、培训表现和过往数据统计，对机组下一次事件作出准确预测；在教员对现场作业过程中的人因失效点进行监督，改变了人因失误只有事后分析，没有事中分析的历史。

③ 专职教员制定个人发展计划（IDP）

培训不仅要解决员工当前的岗位胜任力问题，还要储备适应未来岗位发展或变革的知识和技能。作为人才培养主体，教员要在保障当前岗位胜任力的同时，不断自我革新，落实人才的前瞻性培养。

公司引入并创新 IDP（Individual Development Plan，个人发展计划）人才发展工具，将组织战略发展、岗位需要与个人发展意图结合起来，在接受现有能力表现评价的前提下，由主管领导引导，制定的阶段性 721 学习组合计划，提升员工综合素质，释放更大的人才潜力。

此外，公司还提供了师资学习发展平台，打造教员生态系统。积极参与建立集团内部师资共享机制，协助合作伙伴建立培训及师资体系，与厦门大学、福州大学等高校建立师资交流机制、邀请高校老师或者赴高校进行提升等多角度、全方位助力教员能力提升。

8.4 承包商证照管理

伴随着世界核电的发展，核电站的安全问题受到越来越多人的关注，且关注的重心逐渐从设备转向人员的能力。对比电站正式员工的培训授权，承包商的技能培训授权存在着岗位需求不明确、培训内容无体系、考核过程无管控等问题；同时公司对外大量的技术服务项目合同在商务谈判过程中存在估价困难，难以精确定量定人的问题。因此对建立承包商人员培训体系、引入证照管理模式、规范承包商人员的培训、将核安全固化到核电生产的每一个环节、通过CMS证照管理电子系统实现了整个证照管理过程的电子流程化对于电站工作的安全高效显得尤为重要。另外可以通过将证照管理与商务合同挂钩，实现公司的精益化成本控制。促进核安全的同时，也能保证额外的经济收益，一举多得。宁德核电将承包商证照授权当作一个项目进行运作。

（1）项目背景及意义

① 项目背景

每座核电站内都存在大量的合作单位，对比电站正式员工的授权体系，承包商人员的现场技能缺乏标准统一的考核评估，这也导致部分合作单位员工的技能不能与现场的专业工作相匹配，相关资质达不到工作要求，见图8-17。合作单位员工技能水平和资质不足会影响到电站的工作质量、工作效率，进而增加了电站运行的成本，更有甚者可能影响到电站的核安全，主要问题包括：岗位需求不明确、培训内容无体系、考核过程无管控。

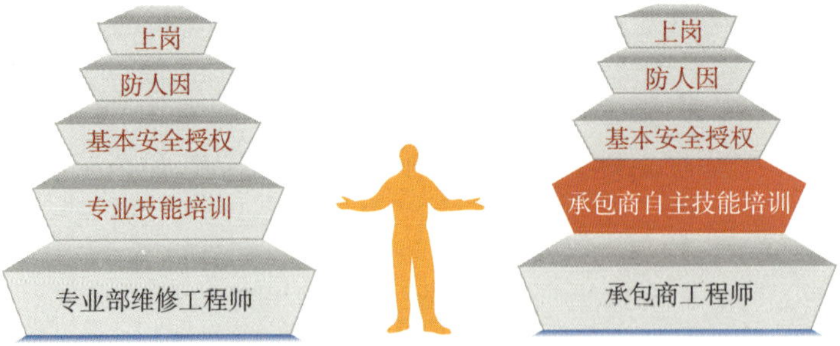

图8-17　承包商授权培训现状

公司每年存在大量对外的服务项目合同，这些合同在商务谈判过程中存在估价困难，难以精确计算合同人员数量等问题，见图8-18，所以科学精细地计算工时工种，并开发一套量价对应的关系，对于技术类的外包合同来说十分有意义。

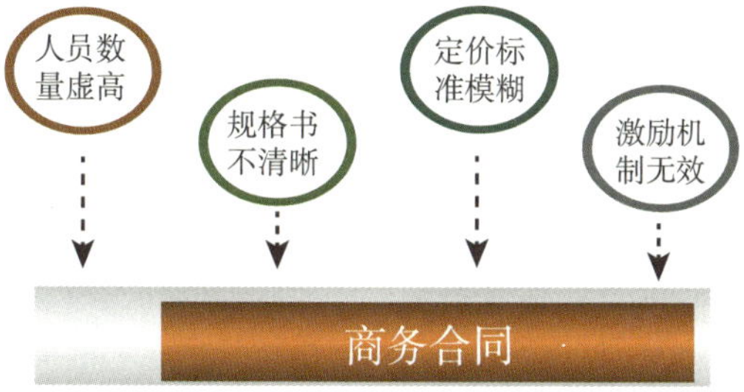

图 8-18 商务合同签订过程汇总存在的困难

② 项目意义

· 对合作单位伙伴建立授权和证照管理体系，可以促进电站工作的规范化并提升工作效率。在实际工作过程中，根据工作区域、性质及技术难度等因素，确定对相应工作人员的资质和技能的基本需求，筛选具备条件的工作人员，确保工作优质高效的完成。

· 优化电站与合作单位的合同内容，不仅可以通过科学的计算分析，得出精细准确的工时数，便于公司的精细化成本控制；同时可以促进合作单位的人才管理和储备，并结合能力分级制度，提升工作人员的技术水平和工作积极性。

· 建立具有宁德核电特色的承包商证照管理体系，将我厂的承包商管理项目打造成同行标杆，合作典范。

（2）核电站承包商培训体系建立

① 前期准备

根据电厂承包商现场工作技能良莠不齐的状态，组织编写了《承包商证照管理调查问卷》，见表 8-6，收集了包括 OPO、OSO、OIC、OTS、OMD、OGS、OPE、OEE、OEN、OPP 等有承包商接口部门的需求，并对调查问卷进行汇总统计。

表 8-6　承包商证照管理调查问卷

宁德电厂现场工作信息问卷表							
部门：				填表日期：		填表人：	
序号	工作岗位	工作类型	是否需要法规要求的资质/证书（如需要，填写具体信息）	特种工与否	工作经验/经历要求	工作区域（RX/KX/NX/MX/PX 等）	备注
1	一般仪表校验工作负责人	工作票执行	仪表校验和检修证书（MP/MD/MN/SP/SD/SN/LP/LD/LN/QD 等设备的巡检、清洁校验、预防性维修、纠正性维修）	否	3 年及以上本专业工作经验，取得宁德核电工作负责人授权，或者取得相关证照（热工测量仪表 MTA2 级或者计量证可等效），方可执行相关工作。证件有效期与工作负责，人授权有效期保持一致。	RX/KX/NX/MX/PX 等	
2	温度仪表校验工作负责人	工作票执行	温度校验和检修证书 MT/ST/LT 等设备的巡检、清洁、校验、预防性维修、纠正性维修）中	否	3 年及以上本专业工作经验，取得宁德核电工作负责人授权，或者取得相关证照（热工测量仪表 MTA2 级或者计量证可等效），方可执行相关工作。证件有效期与工作负责人授权有效期保持一致。	RX/KX/NX/MX/PX 等	

与此同时，培训部牵头各部门进行头脑风暴，充分发挥自身的主观创造性，制定了《合作单位取证方案》（第一版），明确了对合作单位负责人和员工的授权及证照管理，从通用资质、专项技术能力以及人因绩效三个纬度进行考核和管理，并对证照取证流程、证照的等效、证照的退出、证照的在线查询及验证等进行了初步的规划。

② 成立项目组

通过前期充分的准备以及深入的讨论，于 2018 年底正式成立证照管理项目小组。明确了 2019 年证照项目组的目标，即由培训部牵头，完成以仪控部-KRT 项目为试点，囊括仪控部、机械部、电气部、技术部、化学环保部以及生产服务部在内的六个部门日常相关活动涉及的合作单位伙伴的证照授权管理，在这个过程中计划部对所有的承包商进行统筹管理，信息文档部负责开发在线的证照管理系统，实现证照管理流程的电子化，见图 8-19。中心思想在于——根据工作种类，确定不同的证照需求。合作伙伴员工必须持有该类证照，才能进行相关的工作。

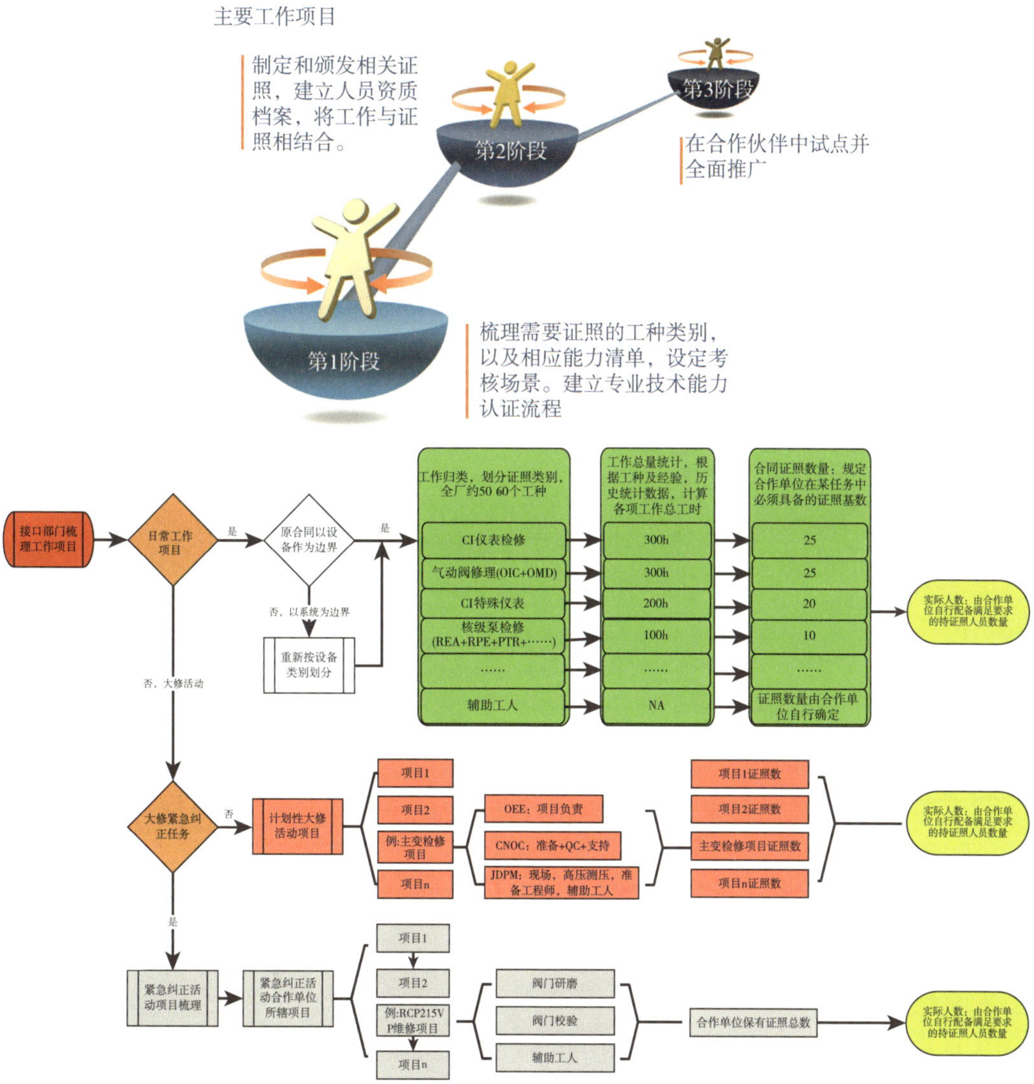

图 8-19　证照总体流程

通过自上而下的项目组织管理，能够高效地完成各个部门之间的协调沟通事宜。

③ 确立试点项目

2019 年 1 月 3 日，通过第一次正式的证照管理项目汇报会确定了以 OIC 作为试点部门，讨论并明确了 KRT 项目取证的主要思路及方案，见图 8-20，展示了如何利用 SAT 方法细致科学地进行 KRT 项目的工种、工时的计算以及在保证完成工作并具备一定的裕量的前提下，得出了技术规格书中的证照数量及人数的要求，以便优化入后续的合同中，达到精确控制成本以及保证现场工作人员技能的目的。

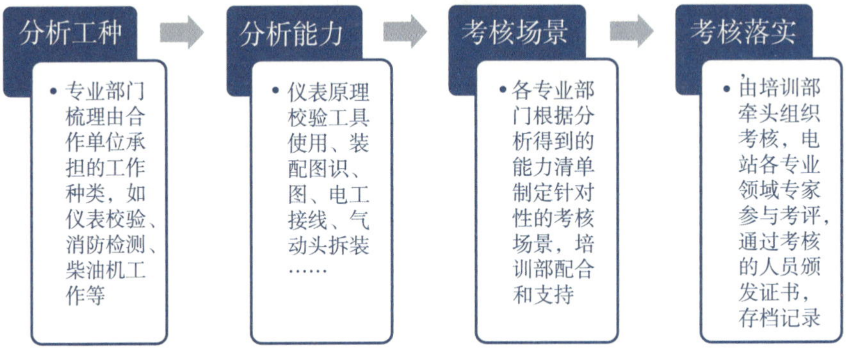

图 8-20　KRT 试点项目取证思路与方案

以试点项目为基点，不断反馈优化，逐步扩大扩散到其余日常生产相关的各个专业部门；同时电站内生产相关的机电仪等部门，借鉴试点项目的成功经验与反馈改进，对对口合作单位的日常工作进行梳理，确定相关合作单位的工作种类和所需证照类型和数量，并采用合适的标准，使证照数量能够满足工作需求，同时兼顾工作效率和效果。

④ 确定证照类型

· 科学梳理工种

对承包商承担的日常生产相关的工作进行汇总梳理，将同种类型或者存在相关联性较大的工作归纳到同一张证照考核内容中，在精简证照数量的同时囊括日常所有的工作，为后续证照数量与商务合同的匹配挂钩从而为精准成本控制打下基础，参见表 8-7 和表 8-8。

表 8-7 KRT 试点项目证照类型、数量以及技能要求

序号	授权证书	工作范围	工作经验/经历要求
1	仪控辐射表高级维修工证	负责所承包的系统和设备管理，能够分析和解决复杂系统和设备问题，程序、文件编写及升版。	5年及以上辐射仪表工作经验，取得宁德核电工作负责人授权，准备工程师授权。
2	仪控辐射表中级维修工证	KRT系统相关的纠正性维修工作，PTS项目通道定期试验，KRT系统工作的风险分析和工作包准备，放射源管理和，小改动、改造实施。	3年及以上辐射仪表工作经验，取得宁德核电工作负责人授权和准备工程师授权。
3	仪控辐射表初级维修工证	KRT系统相关巡检，阈值检查,非PTS项目通道定期试验，预防性维修，报警缺陷核实响应	2年及以上辐射仪表工作经验，取得宁德核电工作负责人授权，取得仪控KRT初级维修证书。证件有效期与工作负责人授权有效期保持一致
4	仪控辅助工作证	1. 在工作负责人和准备工程师的授权下可以独立进行设备的巡检、清洁、现场缺陷的核实、备件领取、备件提报、工器具借用和归还等工作； 2. 与准备工程师、工作负责人一起现场执行相关工作。	半年及以上核电站系统工作经验。

表 8-8 KRT 项目的工种与工时

		数量	人数	人工时	总工时		辅助工	初级	中级	高级
简单工作票	准备	110	1	3	330				330	
	执行	110	2	6	1320			660	660	
	工器具	110	1	1	110		55	55		
	备件	110	1	2	220		220			
	借源	10	2	2	40			40		
	完工报告	110	1	0.5	55			55		
复杂工作票	准备	35	2	4	280				140	140
	执行	35	5	10	1750		700	350	350	350
	工器具	35	1	2	70		70			
	备件	35	1	3	105		105			
	借源	35	2	2	140			140		
	完工报告	35	1	0.5	17.5				17.5	
	故障件测试	35	2	20	1400			700	700	350
简单工单	准备	20	1	4	80				80	
	执行	20	2	4	160		80	80		
	完工报告	20	1	0.5	10			10		
	工器具	10	1	1	10		10			
KRS简单工单	准备	60	1	3	180				180	
	执行	60	3	7.5	1350		900	450		
	完工报告	60	1	0.5	30			30		
	工器具	60	1	1	60		60			
放射源管理	盘点	12	1	6	72				72	36
	报废、出入场	12	1	6	72				72	36
巡检	就地巡检	208	2	8	3328		1664	1664		
	KNS巡检	52	1	10	520			520		
预防性工作	准备	60	1	3	180				180	
	执行	60	3	6	1080		360	720		
	工器具	60	1	3	180		180			
	备件	60	1	3	180		180			
报警响应缺陷核实		87	3	3	783		266	266		251
年度总工时					14113		4850	5740	2782	1163

· 科学梳理工时

各专业证照工程师根据各承包商现有实际承担的工作负荷，利用 SAT 方法细致科学地进行 KRT 项目的工种、工时的计算，对现有工作负责人以及相关辅工的数量及资质进行科学地分析论证，在保证高质量完成工作的前提下同时必须具备一定的裕量，最终明确需要的最少证照需求数量，参见表 8-9。

表 8-9　KRT 试点项目工时计算

证照需求数量计算方法	辅助工	仪控辐射仪表初级维修工证	仪控辐射仪表中级维修工证	仪控辐射仪表高级维修工证	备注
各工种年度总工时	4850 h	5740 h	2781.5 h	1163 h	
根据工作票数量平均每日各工种证照需求数量	3.448 889	4.081 777 778	1.977 955 556	0.827 022	平均每日各工种证照需求数量=各工种年度总工时/平均一年工作天数（250）/每天工作时间（7.5）/系数（0. 75）
证照需求	5	2	4	2	高级工考虑A/B角，所以配置2个；中级工考虑准备工程师和工作负责人一起，包含值班响应，故中级工配置4个，初级工配置2个

在整个过程中，通过对仪控部-KRT 试点维修项目首份技术规格书的可行性的分析，并对该项目中合作单位的资质要求、乙方人员的资质、证书、培训、技能、证照授权要求以及上岗前必须进行的专项培训和考核要求逐条进行了审查讨论。各专业参照 KRT 试点维修项目的取证思路及方案，考虑到 KRT 项目的特殊性，在设定证照时进行了分级，但对于大一些的项目，应考虑证照分类不分级。工种分级可以作为合作单位内部管理时促进其员工积极性和职业成长的方法，业主单位不用考虑。另外各专业部门根据 OIC 试点进程，细化各阶段时间节点，且在工作进展的过程中，应该充分发挥可能多人员的智慧，不能仅由一人闭门造车，并与各部门经理进行仔细沟通，见表 8-10。同时可征求当前合作单位对于具体工种颗粒度的划分意见，以确保相关内容写入合同能够可行。

表 8-10　项目总体进度

证照管理项目进度表					
总体进度				86%	
序号	事项	开始日期	截止日期	完成比例	备注
1	证照种类梳理	1月1日	1月30日	100%	前期六个部门梳理出共计148项证照种类，后续精简合并后最终确定54项
2	确定证照技能授权表模板	1月31日	2月25日	100%	各部门]根据梳理出的证照种类确定相关技能授权模板
3	确定证照最小需求数量	2月26日	3月31日	100%	已完成
4	首张证照试题库编制	4月1日	4月15日	100%	已完成
5	首张证照具备实操条	4月16日	4月30日	100%	已完成
6	组织考核并完成首张证照颁发	5月1日	5月31日	100%	6月27日OMD/OTS完成首批证照面试工作
7	完成所有合作单位的证照颁发	6月1日	11月30日	28.67%	
8	落实证照管理及计算方法到相关合同	7月1日	12月31日	100%	
9	利用已有资源开发隔离办对工作人员的资质查询功能	7月1日	12月31日	45.00%	

通过深度分析各工种及其工作负荷，各部门内经过反复的头脑风暴以及项目组之间的反馈推敲，最终梳理得出 51 类＋37 类（QC 人员）共计 88 种证照类型，见表 8-11。

表 8-11　证照种类

OIC-试点部门	电气部	化学环保部	机械部	技术部	生产服务部
仪控通用测量仪表维修技能授权证书	变压器维修证书	净水厂运行证书	汽轮发电机组维修证书	计量技术工作证书	土建维修证书
仪控气动阀门维修技能授权证书	中高压开关维修证书	净水厂机务维修证书	调油系统维修证书	性能试验工作证书	常规服务证书
仪控核岛特殊仪表维修技能授权证书	低压交流配电维修证书	净水厂电仪维修证书	主蒸汽隔离阀及汽动泵维修证书	防腐维修证书	海工服务证书
仪控常规岛BOP特殊仪表设备维修技能授权证书	低压直流配电维修证书	化水系统操作证书	常规岛离心泵维修证书		潜水泵维修证书
仪控PLC维修技能授权证书	发电机维修证书	化学实验室分析证书	核岛离心泵维修证书		核清洁服务证书
仪控消防定期试验技能授权证书	电机及加热器维修证书	化学现场操作证书	风机维修证书		TES维修及操作证书
仪控消防系统特殊仪表维修技能授权证书	电动头维修证书	环境辅助监测证书	空压机维修证书		污水处理证书
仪控辐射仪表中级维修工证书		CRG系统操作维护证书	管道及附件维修证书		工具维护证书
仪控辐射仪表初级维修工证书			通用两位阀维修证书		闸门维修证书
			气动阀维修证书		
			通风设备维修证书		
			常规岛大型容器维修证书		
			消防设备维修证书		
			辅助系统设备维修证书		
			碎石过滤器、凝汽器设备维修证书		
9类	7类	8类	15类	3类	9类

⑤ 取证工作开展

· 考核方式

为了严格落实“培训—考核—授权—上岗”制度，在证照考核的过程中，严进严出。根据每种证照类型的不同，针对性地设置了笔试、实操以及面试三个过程的个性化组合，相关试题的编写、实操考核、面试考核的组织上都以电站执照考试的标准来进行，严把质量关，见图 8-21。

图 8-21　考核三阶段

· 考核内容

各个阶段的考核内容均源自 SAT 分析阶段的清单，参见表 8-12，做到有用才考、学以致用。

表 8-12　实操考核清单

仪控辐射仪表初级维修工实操项目		仪控辐射仪表中级维修工项目	
	项目		项目
阈值检查	检查程序	LPDU板件更换	参数套备份
	服务器检查		LDPU上盖拆卸
	LPDU检查		卡件拨码核实
定期试验执行	放射源看护		卡件更换
	本底记录	参数下装	参数套选择
	源记录		测量版参数修改
	数据计算		保存
	判断是否合格		核实
MASS2使用	连接LPDU	控测器解体	探测器拆卸
	查找通道		探测器烘烤
	检查事件		探测器密封
	检查参数		探测器恢复
KRThelper使用	连接LPDU	服务器准备	服务器软件运行检查
	查找通道		报警闭锁核实
	检查事件		事件记录查询
	检查参数		软件安装
LPDU电池更换	拆卸LPDU上盖	仪控工作票准备	标准包编写
	拆卸前面板		图纸查找
	更换电池		工单生成
	恢复		工作包准备

· 考核结果

2019 年 3 月 1 日，完成了 KRT 试点项目首批四人证照的授权颁发，见

图 8-22、表 8-13，标志着证照体系的初步建立。

图 8-22　KRT 试点项目首批证照颁发

表 8-13　KRT 试点项目授权证书模板

<table>
<tr><td>OIC</td><td colspan="6">仪控辐射仪表初级维修工授权证书</td></tr>
<tr><td>授权范围</td><td colspan="5">KRT系统相关巡检，阈值检查，非PTS项目通道定期试验，预防性维修，报警缺陷核实响应。</td><td>是否满足要求</td></tr>
<tr><td rowspan="2">基本要求</td><td>工作负责人</td><td colspan="3">取得授权</td><td>取得</td><td></td></tr>
<tr><td>准备工程师</td><td colspan="3">NA</td><td>NA</td><td></td></tr>
<tr><td rowspan="3">证照技能要求</td><td>理论</td><td>1. KRT仪表测量原理；
2. LPDU操作和使用；
3. KRT系统通道相关知识；
4. 定期试验内容；
5. KRT设备简单缺陷处理</td><td>笔试</td><td>主考官：</td><td>通过</td><td></td></tr>
<tr><td>实操</td><td>1. 阈值检查；
2. 定期试验执行；
3. MASS2、KRThelper使用；
4. LPDU电池更换</td><td>实操</td><td>主考官：</td><td>通过</td><td></td></tr>
<tr><td>面试</td><td>1. 定期试验方法；
2. 简单故障确认；
3. KRT系统通道相关知识</td><td>面试</td><td>主考官：</td><td>通过</td><td></td></tr>
</table>

后续共组织上百场证照考核，参考人员达 1117 人次，共颁发了 482 张证照，整体通过率为 43.15%，不足一半，见图 8-23。超高的不通过率不仅保证了相关人员的能力水平，是公司践行核安全的一个体现，真正实现了“培训—考核—授权—上岗”制度的落实。

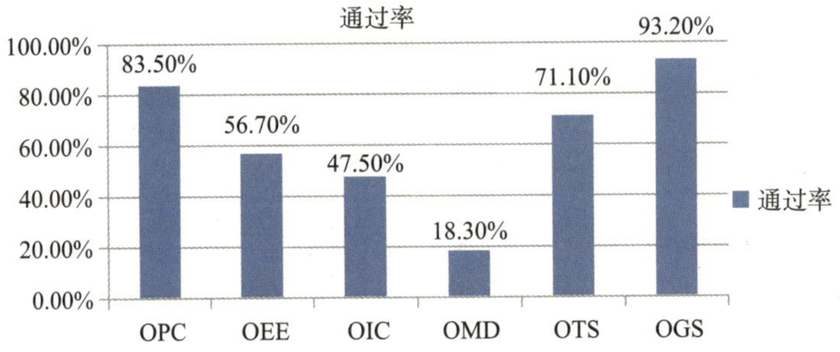

图 8-23　2019 年证照考核的通过率

• 参考经验，标准制度

通过总结首批证照取证过程中的良好实践，编写了《合作单位证照管理程序》，将各种细则规范化、标准化并落实为可执行的制度，做到有章可循。该管理程序的上线正式标志着宁德核电承包商证照管理体系的建立。

⑥ 体系的可延展性

a. QC 人员资质问题

建立承包商证照管理体系解决的不仅仅是单个专业、单项工作中存在的问题和困难，该体系具备足够的延展性，能够兼容并解决承包商人员在培训过程中出现的通用性的问题，如在电站的运行过程中，由于 QC 人员资质管控存在的问题，导致电站出现的相关事件。其中涉及的具体问题如下：

（a）QC 授权范围、分类维度未标准化。例如同专业 QC 人员授权范围按照设备划分（如＊＊电机），部分 QC 人员授权按照技能类型划分（如继电保护等）。

（b）未明确需要的具体技术能力。

（c）数类不规范现象并存。例如同范围、同级别 QC 多次授权存在时间重叠现象；QC 授权到期但未复审继续执行 QC 工作。据悉，资料管理较繁琐，跟各部门探讨后，均强烈要求电子化管理。

（d）合作伙伴自有的 QC 授权体系未承接或不符合宁德公司 QC 管理要求。

·解决方案：

将 QC 人员的认证纳入证照管理系统中。各专业细化 QC 授权范围、分类维度及需要的具体技术能力；将所有 QC 授权通过证照统一管理，做到有证作业，杜绝超期、重复授权等不良现象。按照标准化的取证授权流程，通过 SAT 方法的分析，精确定位各种 QC 人员需要具备的能力。梳理出相关的 QC 证书类型，见表 8-14，通过证照考核授权保证 QC 人员的资质，使其满足实际工作的要求，且整个流程清晰明了。

表 8-14　QC 证照种类

OIC-试点部门	电气部	机械部	技术部	生产服务部
仪控维修基本技能QC授权证书	低压交流QC证书	汽轮发电机组/调油系统QC证书	核岛在役检查及无损检测QC证书	土建维修QC证书
仪控维修消防系统维修QC授权证书	低压直流QC证书	风机QC证书	焊接QC证书（含热处理、火焰切割）	常规服务QC证书
仪控维修KRT/KRS系统维修QC授权证书	中高压开关QC证书	主蒸汽隔离阀/ASG汽动泵QC证书	常规岛在役检查及无损检测QC证书	潜水泵维修QC证书
	电力变压器QC证书	常规岛泵QC证书	防腐QC证书	核清洁服务QC证书
	汽轮发电机QC证书	核岛离心泵QC证书	老化QC证书	污水处理QC证书
	电动头QC证书	制冷机/空压机QC证书	容器水压试验QC证书	TES维修及操作QC证书
	电机及加热器QC证书	阀门及管道QC证书		
	中压盘QC证书	安全阀QC证书		
	10kV环网柜QC证书	气动阀QC证书		
		通风系统QC证书		
		容器及消防QC证书		
		凝汽器及碎石过滤器QC证书		
		泵站及BOP QC证书		
3类	9类	13类	6类	6类

b. CACG 项目组人员能力提升

随着电站的运行过程中大量运行事件的发生，经验反馈对于电站绩效的提升显得越来越重要。但在经验反馈事件发生后，事件调查、原因分析、报告编写、行为改进等方面又暴露出各种问题。所以不断强化经验反馈管理系统的指导，持续提升包括各位 CACG 委员在内的整个组织机构人员的能力显得迫在眉睫。

·解决方案：建立 CACG 项目组所有成员持证上岗制度

计划将 CACG 相关岗位人员的能力建设纳入到证照管理体系中，应用 SAT 分析方法进行分析，分别设立人因分析师、设备分析师、绩效分析师，对 CACG 委员以及相关的工程师全面实施“授权—上岗”制度。

针对各项能力梳理出主要包括人因/设备的根本原因分析、Trouble Shooting、防人因初训、HiRCA 以及一些观察指导培训等理论与实操培训课程，见图 8-24。

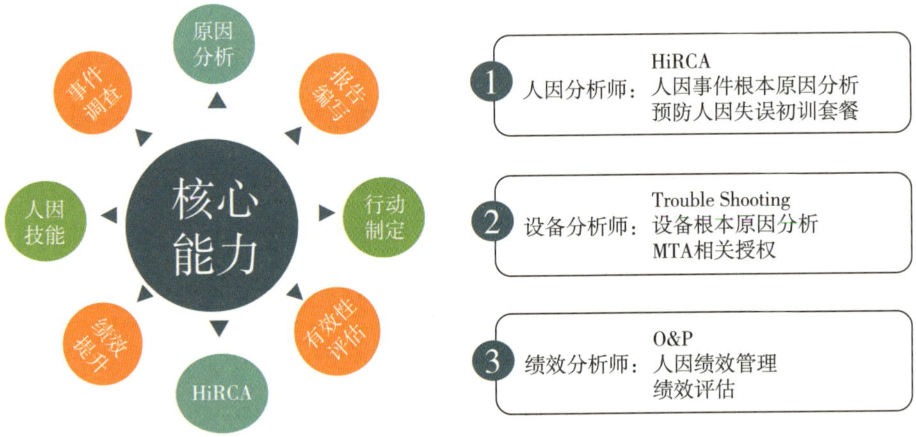

图 8-24　CACG 项目组成员培训课程

c. 宁德承包商证照管理系统（CMS）

宁德电站内存在着几千名承包商人员，如果所有人员的证照考核工作都由人工线下完成，其工作量之大，难以承受。再加上所有的证照项目组人员均为“兼职”状态，证照申请、考核组织、培训记录存档、证照退出等管理都由人工完成，流程流转的效率也将极其低下。鉴于此，开发线上承包商证照管理系统成为必然和迫切的任务。

建立线上承包商证照管理系统，实现人员分级、活动分级、合同优价；各部门持续推动降本增效，通过引入新技术降低人力成本；同时实现证照的电子化管理。

承包商证照管理系统（CMS）具备培训项目信息管理与考核大纲管理、考核管理、成绩管理、证照管理、权限管理等功能，见图 8-25。

一位外来的承包商人员，能够通过该系统实现证照申请的所有工作，并且能够通过 CMS 系统，给予专业部证照工程师必要的提醒功能，以便进行承包商人员证照的延期、退出以及黑名单管理等。

d. 未来的设想

未来整体证照项目分四步走，参见图 8-26。

图 8-25 承包商证照管理系统

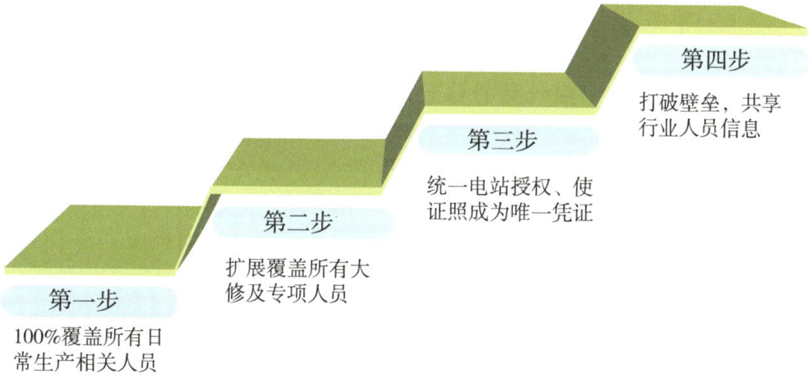

图 8-26 未来的计划

(a) 日常生产合作伙伴全覆盖

持续提升和评估合作伙伴的现场操作技能，各专业对应日常生产相关的合作伙伴的证照覆盖率100%。

· 策略描述

利用2019—2020年在六个专业部门进行的证照授权经验，逐步实现宁德核电站内所有日常生产相关的合作伙伴的证照授权。在劳务合同中规定各合作单位所需满足的各类证照授权人数，实现精细化成本控制。

· 潜在风险

人力紧张：由于各部门人员均为兼职，且证照考核大纲的编制需要遵循SAT的方法进行梳理，工作量较大。同时线下人工取证过程效率较低。

流程体系的规范性：证照体系深化到各合作单位，并且保证体系和其他公司业务运转更好的融合，是该体系成功实施的关键，需要各方努力达成才能高质量运转。

· 重点行动计划见表8-15。

表8-15 第一步重点行动计划

关键成功因素或关键障碍	行动计划
流程体系的规范性	完善各专业证照类目设置，利用SAT方法优化考核大纲，编制考核场景库
	完善QC类证照类目设置，优化考核流程
人力资源紧张	开发完成在线的证照管理系统（CMS）
	全面线上运转证照管理体系，实现证照管理流程电子化，提高效率并规范取证流程
以证照类型及数量为合同结算方式	所有商务合同与证照的挂钩，实现精细化成本控制
证照管理实施	合作伙伴日常生产证照100%覆盖
	合作伙伴QC人员证照100%覆盖

(b) 大修合作伙伴全覆盖

由日常生产的证照授权推广到整个宁德电站的合作伙伴以及包括QC、

CACG项目在内的电站正式员工的证照授权，真正实现“培训—考核—授权—上岗”。

· 策略描述

利用证照管理系统的线上流程，结合前期日常生产相关合作伙伴的证照授权经验，逐步实现电站大修相关的合作伙伴的证照授权。配合公司精细化的项目制战略，对各项目制内的正式员工实施证照管理，将各项目具体工作要求与需求的能力挂钩，实现人员持证上岗保证胜任工作的同时也为内部人员的岗位流动提供了清晰的标准，真正实现所有岗位的“培训—考核—授权—上岗”。

· 潜在风险

大修授权人数多且窗口较集中：与日常承包商不同，大修相关的承包商提前到厂的时间有限，存在一段时间内的集中取证授权考核，可能导致各专业在该段时间内的培训考核负荷骤增。

大修工作模块化特点：可由于相同或者相似堆型的大修工作内容相近，可以根据其模块化的特点，可以将有过多个基地多次大修经历的合作伙伴与“新手”区分开来，前者可以考虑部分等效授权以提高效率，后者则需严格按照证照取照流程，以保证其技能水平。

项目制“兼职”：目前大部分项目中的成员都属于兼职，缺乏清晰明确的岗位与技能对照关系，需要个人摸索，效率及效果参差不齐。制定统一的证照授权标准，有利于各项目组工作的开展。

· 重点行动计划见表8-16。

表8-16 第二步重点行动计划

关键成功因素或关键障碍	行动计划
完善证照授权体系	根据实际工作岗位任务以及梳理编制大修及各项目组相关的证照类目
	应用SAT方法，根据岗位需求编制考核大纲
	利用完整授权和等效授权等方法的结合，设置考核方式

续表

关键成功因素或关键障碍	行动计划
大修授权人数多且窗口较集中	开发线上理论试题库，实现线上培训并进行笔试考核，加速授权进度
	优化电子证照管理系统（CMS），根据各合作伙伴的资质。实现完整授权和等效授权相结合，满足技能要求的条件下提高证照覆盖率
以证照类型及数量为合同结算方式	所有商务合同与证照的挂钩，实现精细化成本控制，同时可以优化“算大帐”等合同方式
证照管理实施	大修合作伙伴证照100%覆盖
	电站正式员工项目制式证照100%覆盖

（c）使证照成为电站唯一工作凭证

将证照授权从单一的技能认证推广到电站工作授权层面，淡化“工作负责人”概念，做到现场工作直接与证照挂钩，从原有的“技能”证照转变为“工作许可”证照，使证照成为现场工作的唯一凭证，避免重复工作，提高管理效率。

• 策略描述

通过标准清晰的证照考核授权体系来实现合作伙伴从入厂安全培训开始，到现场实际授权工作以及离开电站的整个过程中均有详尽的要求及记录，整个过程体系化，标准化。方便QC人员对于现场活动的管理及异常的分析，有利于电站领导对现场工作的全局管控。同时建立机制在证照有效期内持续保持人员的技能水平。

• 潜在风险

需要在原有证照的基础上进行扩展，加入基本安全培训、防人因培训、防异物培训、工作过程培训、班组管理培训等，从原有的“技能”证照转变为“工作许可”证照，将现场工作的所有要求均添加入证照考核的过程，业主以及合作伙伴在现场工作上达成清晰明确一致的标准要求，能够避免重复性的工作，便于管理。

• 重点行动计划见表8-17。

表 8-17　第三步重点行动计划

关键成功因素或关键障碍	行动计划
“工作许可”证照	优化证照管理系统（CMS），在流程上添加各种培训节点
	建立各合作伙伴从进厂到离厂期间的个人电子培训及授权档案
保持人员技能	建立“证照冻结”机制，在证照有效期内，对证照所要求的能力进行复查

(d) 信息共享，证照共享

通过不断尝试，不断优化证照体系，打造出一套标准化的体系，利用兼容性极强的承包商证照管理系统，实现其余电站承包商人员工作及培训信息的共享，作为统一标准，信息共享，证照共享。

8.5　职业技能等级认定

为贯彻落实习近平总书记关于产业工人队伍建设和技能人才工作的一系列重要指示精神，根据中共中央、国务院关于新时期产业工人队伍建设改革、加强和改进新时代人才工作等有关文件要求，全面落实《人力资源社会保障部关于健全完善新时代技能人才职业技能等级制度的意见（试行）》（人社部〔2022〕14 号）及福建省人力资源和社会保障厅关于职业技能等级认定的要求，进一步健全公司技能人才培养、使用、评价、激励制度，创新与使用相结合、与待遇相匹配的新时代技能人才职业技能等级制度，特制定首批职业技能等级认定工作方案。

(1) 总体要求

① 指导思想

以习近平新时代中国特色社会主义思想为指导，全面贯彻党的二十大和中央人才工作会议精神，健全技能人才培养、使用、评价、激励制度，畅通技能人才职业发展通道，提高待遇水平，增强荣誉感获得感幸福感，吸引更多劳动者走技能成才、技能报国之路，缓解技能人才短缺问题，充分发挥技能人才在经济社会高质量发展中的重要作用，为全面建设社会主义现代化国家提供有力的人才和技能支撑。

② 基本原则

——坚持能力为本。围绕公司发展对技能人才的需求，充分发挥评价“指挥棒”作用，引导各部门夯实技能人才培养与发展体系，激发技能人才参加职业技能培训的内生动力。

——坚持科学评价。遵循技能人才成长规律，以品德、能力、业绩、贡献为导向，完善岗位培训大纲与职业标准相结合，创新人才培养与评价方式，规范培训与评价流程，坚持考评结合、逐级认定，客观公正评价。优秀的可越级考评。

——坚持效果导向。聚焦技能人才职业发展中的“天花板”问题，完善职业技能等级（岗位）设置体系，畅通技能人才职业发展通道，延伸拓展其成长进步阶梯，推动形成人人学技能、有技能、长技能、比技能的技能型企业。

——坚持岗位使用。围绕用好用活人才，完善促进技能人才发展的政策措施，营造有利于技能人才成长和发挥作用的制度环境，让更多技能人才立足岗位，钻研技能，执着专注，实现岗位成才。

③ 目标任务

全面推行职业技能等级认定，将企业现有技能人才培养制度与国家职业资格制度相衔接、与终身职业技能培训制度相适应，并与使用相结合、与待遇相匹配的新时代技能人才职业技能等级制度。进一步培养和发展一定数量的高技能领军人才、专家人才、工匠人才，高端带动作用不断增强，引领集聚效应不断扩展，培养造就一支数量充足、结构合理、等级清晰、素质优良的产业工人队伍，保障公司机组的高端、经济、稳定运营。

（2）公司职业技能等级认定体系与组织机构

公司教育培训委员会下辖四个委员会，其中职业技能等级认定委员会负责公司职业技能等级认定的统筹、管理、实施和评定全部工作，见图 8-27。

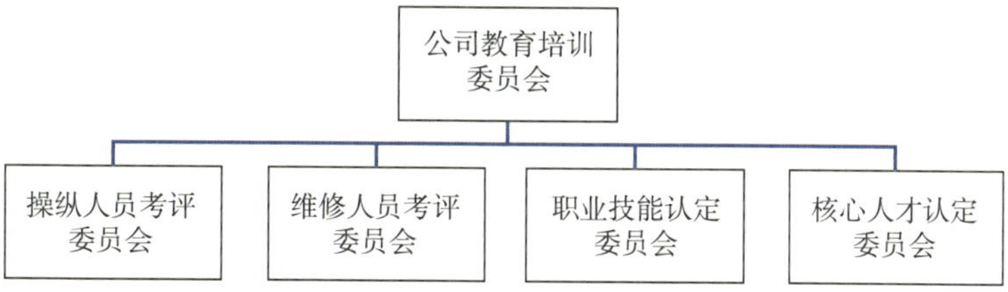

图 8-27 公司教育培训委员会组织机构

职业技能等级认定委员会下辖四个工作组，负责公司员工职业技能等级认定的全部工作，见图 8-28，其主要职责分工如下。

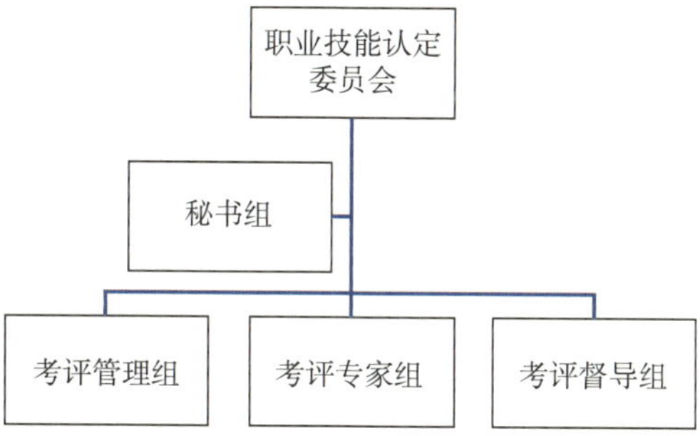

图 8-28 职业技能认定委员会组织机构

委员会：由公司总经理部领导担任，设主任、副主任各一人，主任负责职业技能等级认定中心的发展规划和建设，建立健全认定中心各项规章制度，副主任负责协助主任做好职业技能等级认定中心工作。

秘书组：负责职业技能等级认定的统筹管理工作，协助领导小组进行培训资源的协调和人员调配及支持工作。

考评督导组：由各部门协调人员担任，需通过省职业技能鉴定指导中心的培训和考核，获得督导人员资质。主要负责对认定中心开展职业技能等级认定工作进行督导，并向上级部门提供督导报告。目前共聘有督导专家 18 人。

考评管理组：由培训部负责，负责职业技能等级认定计划管理、认定工作的组织和实施、认定资格管理，负责组织开展公司技师及以上等级综合评审工作，负责与福建省和宁德市职业技能鉴定指导中心的业务接口，负责管理职业技能等级认定中心印鉴。

考评专家组：由生产部门推荐的专家担任，需具备某专业方面的特长及相关资格，通过省职业技能鉴定指导中心的考评员培训和考核，负责承担职业等级认定的考评工作。目前共有 37 名人员获得福建省职业技能鉴定指导中心认定的考评员资格。

（3）公司首批职业技能等级认定方案

根据人社部及福建省人社厅的相关要求，结合公司生产经营特点和实际需要，对现有人员的培训、考核和授权直接进行等效，根据员工的岗位条件与能力、职工日常表现、工作业绩等，按照如下规定直接认定其相应技能等级。同时结合于岗位练兵、技术比武、技术攻关、发明专利、揭榜领题等实际情况，打破学历、资历、年龄、比例等限制，对技艺高超、业绩突出的一线员工，可破格认定其相应技能等级。

① 自主认定的职业（工种）资格

经福建省职业技能鉴定指导中心认定，宁德核电目前共有六个工种获得自主认定资格，见表 8-18。

表 8-18　宁德核电厂六个自主认定职业资格

序号	职业（工种）	职业编码	等级	标准依据	题库资源
1	化学检验员	6-31-03-01	1～3 级	企业规范	企业题库
2	核反应堆运行值班员	6-33-05-01	1～4 级	企业规范	企业题库
3	仪器仪表维修工	6-31-01-04	1～3 级	企业规范	企业题库
4	电工	6-31-01-03	1～3 级	企业规范	企业题库
5	钳工	6-20-01-01	1～3 级	企业规范	企业题库
6	危险废物处理工	4-09-07-03	1～4 级	企业规范	企业题库

② 首批职业技能等级认定岗位等级设置

根据宁德公司现有技能人才培养体系及人员培训、考核、授权、上岗的实际情况，结合国家及福建省职业技能等级管理的相关要求，根据核电行业自身特点及历史沿革等因素，并明确与国家职业技能等级相应技能等级的对应关系，见表 8-19，详细岗位与申请技能等级对应情况需填写《国家职业技能等级与岗位设置对应表》。

表 8-19　宁德核电职业技能等级认定岗位等级表

序号	级别名称	对应公司岗位	对应公司岗位职级
1	学徒工	不适用	不适用
2	初级工	初级技术岗位	2～3
3	中级工	初级技术岗位	4
4	高级工	初级技术岗位	5
5	技师	中级技术岗位	6～7
6	高级技师	高级技术岗位	8～9
7	特级技师	工匠人才	9～10
8	首席技师	专家人才/领军人才	11～12

③ 首批职业技能等级认定资格申请条件

· 申报职业（工种）为公司具备自主认定资格的范畴内。

· 申报人需具备一定的工作经验，申请初级工人员不少于一年本职工作经验，申报中级工不少于两年本职工作经验，申报高级工不少于三年本职工作经验，申报技师不少于五年本职工作经验，申报高级技师不少于八年工作经验。

· 申报人具备申报职业（工种）对应等级的技术能力，能提供申请直接认定职业（工种）对应岗位的培训、考核及岗位授权记录等证明文件。

④ 首批职业技能等级认定资格申请流程

· 申报人需填写《职业技能等级直接认定资格申请表》《职业技能等级直接认定资格汇总表》，同时提供个人培训记录、岗位授权考核及授权表作为证明文件。

· 本部门经理需根据岗位条件与能力、培训授权情况、员工日常表现、工作业绩等，对其申请的职业技能等级资格进行从严把关，确定是否可以直接认定其相应技能等级。

·以上材料经各部门经理审核后，由职业技能等级认定委员会秘书组汇总，经公司职业技能等级认定委员会审议通过，在公司内网公示五个工作日无异议后，报福建省职业技能鉴定指导中心审定。

·经福建省职业技能鉴定指导中心审定通过后，申请职业资格证书。

·证书下发后，报人力资源部，更新人事系统员工职业资格信息。

⑤ 职业技能等级认定破格管理

·对于获得国家级技术比赛一等奖或世界级技术比赛获奖的，经所在部门推荐（填写破格认定推荐表），由认定委员会评审通过后可直接申请对应工种的高级技师（一级）等级。

·对有特殊/突出贡献、参加国家级技术比赛获得二等奖、三等奖奖励，或参加省部级技术比赛获得一等奖、二等奖的，或获得实用新型发明专利（第一署名人），经所在部门推荐，由认定委员会评审通过后可可直接申请对应工种的技师（二级）等级。

·对于参加省部级技术比赛获得三等奖奖励，或参加集团公司技术比赛获得一等奖、二等奖奖励的，经所在部门推荐，由认定委员会评审通过后可直接申请为对应工种的高级工（三级）等级。

以上破格认定材料，见表8-20，经福建省职业技能等级认定中心审定通过，方可申请相应的职业资格证书。

表8-20　职业技能等级破格认定奖项

序号	获奖情况	破格对应等级
1	国家级技术比赛一等奖	高级技师（一级）
	世界级技术比赛获奖	
2	特殊贡献	技师（二级）
	国家级技术比赛二等奖	
	国家级技术比赛三等奖	
	省部级技术比赛一等奖	
	省部级技术比赛二等奖	
	实用型新型发明专利	

续表

序号	获奖情况	破格对应等级
3	省部级技术比赛三等奖	高级工（三级）
	集团公司技术比赛一等奖	
	集团公司技术比赛二等奖	

（4）首批职业技能等级认定监督管理

健全完善职业技能等级制度关系广大技能人才的切身利益，涉及面广，政治性、政策性和技术性都非常强。公司各部门要充分认识实施职业技能等级制度的重要意义，要切实加强组织领导，统筹规划，周密部署，精心组织。

同时公司建立健全质量监管体系，实现事前事中事后全链条全领域监管。主要监督方式为：

·成立质量督导小组，对申报材料进行抽查、验证，对申请人员的培训、考核、授权记录及申请职业技能等级资格进行监督。

·对申请人员的全部材料在公司内网进行公示，由公司全体员工进行监督。

·对于质量督导小组及员工发现的问题，向公司职业技能等级认定委员会进行汇报和决策处理。

·公司全面落实评价质量管理主体责任，接受同行监督和社会监督，以及省中心的监督和指导。

参考文献

［1］国际原子能机构．国际原子能机构技术报告丛书第 380 号：核电厂人员培训及其评价［M］．田佩良，等译．北京：原子能出版社，1997.

［2］邹正宇．核电厂系统化培训方法操作指南［M］．北京：原子能出版社，2011：1-18.

［3］朱鹏．浅谈系统化培训方法之培训分析［J］．科技信息，2012（32）：445-447.

［4］Nuclear Power Engineering Committee of the IEEE Power Engineering Committee. IEEE standard criteria for digital computers in safety systems of nuclear power generating stations：IEEE 7-4．3．2［S］．New York：Institute of Electrical and Electronics Engineers，2010.